とっても
かわいい！

子犬の育て方

藤井　聡 監修

成美堂出版

子イヌのきもち Puppy

これから始《はじ》まる子《こ》イヌとの生活《せいかつ》は、楽《たの》しいことがいっぱい！　いろいろなしぐさや、愛《あい》らしい動作《どうさ》をみんなに見《み》せてくれるよ。

こんなふうにあおむけになって眠《ねむ》るのは、とても安心《あんしん》しているとき。そっと見守《みまも》ってね。

スヤスヤ…

リラックス

ぼくらは自分《じぶん》のお気《き》に入《い》りの場所《ばしょ》を見《み》つけると、そこでのんびりリラックスして過《す》ごすよ。

お家《うち》の中《なか》で…

イヌを飼《か》うなら、飼《か》い主《ぬし》がいつも近《ちか》くにいてあげられる、お家《うち》の中《なか》で飼《か》うのがおすすめ。安心《あんしん》して過《す》ごせるように、環境《かんきょう》を整《ととの》えてあげようね。

おちつく〜

体《からだ》がスッポリかくれる箱《はこ》は、ぼくのお気《き》に入《い》り。この中《なか》に入《はい》ると、なんだか落《お》ち着《つ》くんだ。

ぴとっ

兄 弟《きょうだい》や友《とも》だちどうしで体をくっつけてると、とっても安心《あんしん》するの。あったかいなぁ…。

水《みず》を飲《の》んだり、エサを食《た》べたりするときは、舌《した》を上手《じょうず》に使《つか》って、こんなふうにするのさ。

ピチャ、ピチャ…

お外《そと》で遊《あそ》ぼ！

天気《てんき》のいい日《ひ》は、ときどきお外《そと》で遊《あそ》ばせてあげようね。なれてくれば、棒《ぼう》とびジャンプや、ボール遊《あそ》びでいっしょに遊《あそ》ぶこともできるよ。

思《おも》いっきり走《はし》ると、気分《きぶん》は最高《さいこう》！でも「コイ」って呼《よ》ばれたら、すぐに戻《もど》ってくるからね。

ダッシュ！

探検に出発

Puppy

あっちのほうには何《なに》があるのかな…。どれどれ、ちょっと探検《たんけん》してみるか。

ボクたち、仲間《なかま》どうしで遊《あそ》ぶの大好《だいす》き！　まずは鼻《はな》と鼻《はな》を合《あ》わせて、ごあいさつ。

こんにちは

暑いなあ…

ぼくたちは、高《たか》く飛《と》び上《あ》がるのも得《とく》意《い》だよ。よく見《み》ててね。それではヨーイ、スタート！

ワタシ、体《からだ》が毛《け》でおおわれているから、暑《あつ》さには弱《よわ》いのよね。木《こ》陰《かげ》でひと休《やす》みしようかな。

ジャンプ！

しつけもしっかり！

人間《にんげん》とイヌが仲《なか》よく暮《く》らすためには、しつけをしっかりすることがとても大事《だいじ》。毎日《まいにち》楽《たの》しくふれあいながら、しつけをしていってね。

最初《さいしょ》はちょっと不《ふ》安《あん》だったけど、なれてきたら胸《むね》やお腹《なか》を触《さわ》られるのって、気持《きも》ちいい〜。

タッチング

オスワリ

エサをもらうとき、散歩《さんぽ》に出《で》るときなど、オスワリはいろんな場面《ばめん》で役立《やくだ》つしつけなんだよ。

フセ

これができるようになれば、飼《か》い主《ぬし》のことをじっと待《ま》っていられるようになるよ。

だっこ

だっこは、やさしく、ゆっくりしてね。急《きゅう》にだき上《あ》げられたら、ビックリしちゃうよ。

ブラッシング

ブラッシングは、毛《け》を整《ととの》えるだけでなく、飼《か》い主《ぬし》との楽《たの》しいふれあいタイムにもなるよ。

子犬《こいぬ》の育《そだ》て方《かた》 CONTENTS

Puppy

もくじ

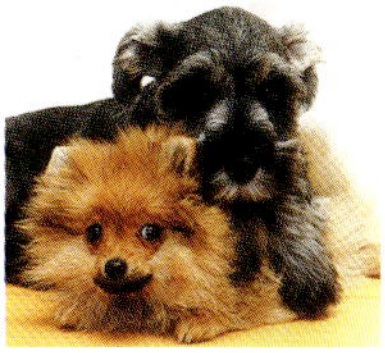

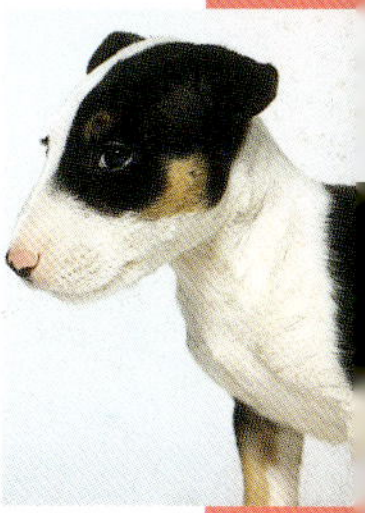

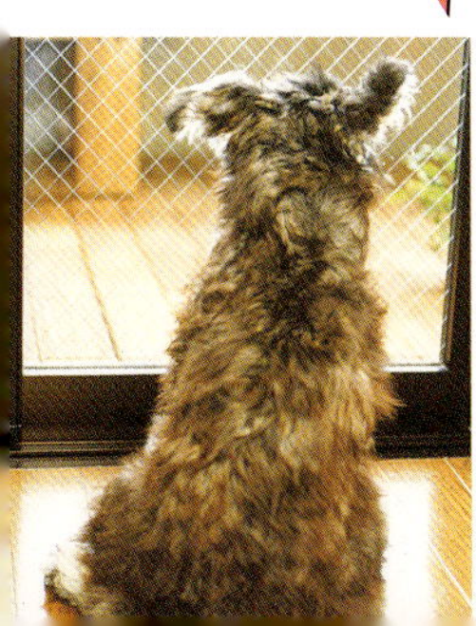

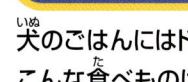

5 犬《いぬ》ともっと仲《なか》よしになるには 〜遊《あそ》び方《かた》、接《せっ》し方《かた》〜　97

Puppy

●デザイン　鈴木俊秀（FIRE DRAGON）　●イラスト　猿童マーチ
●写真　狩野晋（STUDIO GRASSHOPPER）　●ライター　山崎陽子
●企画・編集　鈴木麻子（GARDEN）

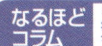

はじめに

犬《いぬ》はペットとしての歴史《れきし》が長《なが》く、人間《にんげん》ととても仲《なか》よくなれる動物《どうぶつ》です。飼《か》い始《はじ》めると、犬《いぬ》は家族《かぞく》の一員《いちいん》になって、わたしたちに安《やす》らぎや喜《よろこ》びを与《あた》えてくれます。

犬と仲よく暮らすために

最近《さいきん》では、マンションなどの集合住宅《しゅうごうじゅうたく》でも、犬《いぬ》を飼《か》えるところが増《ふ》えてきました。しかし、飼《か》えるからといっても何《なん》の知識《ちしき》もないまま飼《か》うのでは、犬《いぬ》がかわいそうです。まずは犬《いぬ》の性質《せいしつ》や本能《ほんのう》を正《ただ》しく理解《りかい》してから、飼《か》い始《はじ》めましょう。そして、犬《いぬ》が気持《きも》ちよく暮《く》らせる環境《かんきょう》を整《ととの》え、栄養《えいよう》バランスのいい食事《しょくじ》をあげて、日頃《ひごろ》から体《からだ》の手入《てい》れなどをしっかりしてあげることが大切《たいせつ》です。

また、人間《にんげん》の社会《しゃかい》で犬《いぬ》が生活《せいかつ》するには、しつけも欠《か》かせません。しつけがきちんとできていれば、犬《いぬ》は人間《にんげん》の社会《しゃかい》に溶《と》け込《こ》んで、お互《たが》いに幸《しあわ》せに暮《く》らせます。飼《か》い主《ぬし》は犬《いぬ》のリーダーになって、他人《たにん》に迷惑《めいわく》をかけない犬《いぬ》、だれからも好《す》かれる犬《いぬ》に育《そだ》ててあげてください。これには家族《かぞく》の協力《きょうりょく》が必要《ひつよう》です。ぜひおとうさんやおかあさんといっしょに、家族全員《かぞくぜんいん》でしつけをするようにしましょう。

犬《いぬ》と仲《なか》よく、楽《たの》しく暮《く》らしていくために、この本《ほん》をぜひ活用《かつよう》してくださいね。

1

かわいい子犬を迎える前に

～飼育の準備～

ウチでも子犬を飼いたいな！

カオルは動物《どうぶつ》が大好《だいす》きな小学《しょうがく》4年生《ねんせい》。パパとママにお願《ねが》いして子犬《こいぬ》を飼《か》うことにしました。でも犬《いぬ》は飼《か》い始《はじ》めたらしっかりしつけをして、世話《せわ》してあげなくてはいけません。飼《か》い始《はじ》める前《まえ》に、どんなことを知《し》って、何《なに》を準備《じゅんび》しておけばいいのかな？

かわいい子犬を飼い始める前に

「子犬《こいぬ》をすぐに飼《か》い始《はじ》めたい！」という人《ひと》も、多《おお》いはず。でもちょっと待《ま》って。犬《いぬ》を飼《か》う前《まえ》に、家族《かぞく》で考《かんが》えておきたいことがあるのです。

毎日の世話やしつけはちゃんとできる？

犬《いぬ》を飼《か》い始《はじ》めると、10～15年《ねん》はいっしょに生活《せいかつ》することになります。その間《あいだ》毎日《まいにち》エサをあげたり、散歩《さんぽ》に連《つ》れていったり、世話《せわ》をしなくてはいけません。

また犬《いぬ》は人間《にんげん》のいうことをよく聞《き》き、仲《なか》よくなれるすばらしい動物《どうぶつ》です。でもただかわいがるだけでは、人間《にんげん》のいうことを聞《き》かないわがままな犬《いぬ》になってしまいます。

犬《いぬ》を飼《か》うには、毎日《まいにち》の世話《せわ》やしつけをしっかりしなくてはいけません。そしてそれは自分《じぶん》ひとりでできるものではありません。家族《かぞく》の協力《きょうりょく》が必要《ひつよう》になります。だから飼《か》い始《はじ》める前《まえ》に家族《かぞく》でよく話《はな》し合《あ》うことがとても大事《だいじ》なのです。

犬の習性や本能を理解したうえで飼おう

犬《いぬ》には野生《やせい》のころから持《も》っている、習性《しゅうせい》や本能《ほんのう》があります。それを知《し》らないで飼《か》い始《はじ》めると「なんでこんなことするの？」「こんなはずじゃなかったのに……」と飼《か》い主《ぬし》がなやんでしまうことも。

たとえば犬《いぬ》は群《む》れで生活《せいかつ》する習性《しゅうせい》があり、飼《か》い主一家《ぬしいっか》を自分《じぶん》の群《む》れだと考《かんが》えます。そのとき自分《じぶん》より力《ちから》の弱《よわ》いものは、自分《じぶん》よりも下《した》だと思《おも》ってしまいます。しっかりしつけをしないと「自分《じぶん》がボスだ」と思《おも》いこみ、人《ひと》のいうことを聞《き》かない犬《いぬ》になってしまうのです。

犬《いぬ》の習性《しゅうせい》や本能《ほんのう》をしっかりわかったうえで、必要《ひつよう》なしつけをしていきましょう。

子犬を飼い始める前のチェックポイント

飼い始める前に、家族のみんなとよく話し合うことが大事だよ。

1 家族全員《かぞくぜんいん》が犬《いぬ》を飼《か》うことに賛成《さんせい》している？

犬《いぬ》を飼《か》うということは、家族《かぞく》が増《ふ》えるのと同《おな》じこと。世話《せわ》の手間《てま》もかかりますが、毎日《まいにち》のエサ代《だい》をはじめいろいろとお金《かね》がかかります。特《とく》に犬《いぬ》には健康保《けんこうほ》険《けん》がないので、予防接種《よぼうせっしゅ》や病《びょう》院《いん》での診察代《しんさつだい》はかなり高《たか》くつきます。お父《とう》さんやお母《かあ》さんに理《り》解《かい》してもらいましょう。

予防接種《よぼうせっしゅ》の費用《ひよう》と必要《ひつよう》な薬代《くすりだい》のめやす

- **狂犬病予防接種《きょうけんびょうよぼうせっしゅ》（年《ねん》1回《かい》と同時《どうじ》に登録《とうろく》料《りょう》）：**
  初回《しょかい》6,000～7,000円《えん》ぐらい
  2回目《かいめ》から3,000～4,000円《えん》ぐらい
- **混合《こんごう》ワクチン代《だい》（年《ねん》1回《かい》。子犬《こいぬ》のうちは2～3回接種《かいせっしゅ》）：**
  7種混合《しゅこんごう》ワクチン8,000～9,000円《えん》
- **フィラリア症予防薬代《しょうよぼうやくだい》**
  （毎年《まいとし》5～11月《がつ》ごろに月《つき》1回《かい》）：
  1回分《かいぶん》1,500～5,000円《えん》ぐらい
  （犬《いぬ》の体重《たいじゅう》によってかわる）

※かかる費用《ひよう》は、病院《びょういん》によって違《ちが》います。

2 飼育《しいく》する場所《ばしょ》をきちんと用意《ようい》できる？

犬《いぬ》をどこで飼《か》うか、最初《さいしょ》にきちんと考《かんが》えておきましょう。家《いえ》の中《なか》で飼《か》うのがおすすめですが、犬《いぬ》が落《お》ち着《つ》ける居場所《いばしょ》（＝ハウス）を用意《ようい》してあげましょう。

3 犬《いぬ》の世話《せわ》をみんなで協力《きょうりょく》してできる？

毎回《まいかい》の食事《しょくじ》や散歩《さんぽ》、手入《てい》れなどの世話《せわ》は家族《かぞく》で協力《きょうりょく》してすることが大事《だいじ》。だれか一人《ひとり》がたいへんにならないように気《き》をつけて。

4 しつけをキチンとできる？

犬《いぬ》のしつけは、最初《さいしょ》はお父《とう》さんやお母《かあ》さんにしてもらい、その後《ご》みんなもできるように練習《れんしゅう》していきます。ただかわいがるのではなく、家族《かぞく》でルールを決《き》めてしっかりしつけをしましょう。

種類によってちがう性格を知っておこう

犬《いぬ》にはさまざまな品種《ひんしゅ》があります。体《からだ》つきだけでなく、性質《せいしつ》もかなりちがいます。どんな犬《いぬ》を飼《か》うか決《き》める前《まえ》に、知《し》っておきましょう。

役割によっていろんな種類の犬が作られた

犬《いぬ》と人間《にんげん》がいっしょに暮《く》らすようになったのは、今《いま》から１万《まん》5000年《ねん》から１万《まん》2000年前《ねんまえ》の大昔《おおむかし》だといわれています。

そのころの人類《じんるい》は、狩《かり》をして生《せい》活《かつ》していました。オオカミを祖先《そせん》とする犬《いぬ》は、耳《みみ》や鼻《はな》がよく、走《はし》るのも速《はや》く、獲物《えもの》を見《み》つけたり、追《お》いかけたりする能力《のうりょく》にすぐれていました。そこで狩《かり》の手伝《てつだ》いや番《ばん》犬《けん》として人間《にんげん》を助《たす》けて、いっしょに暮《く》らすようになったのです。

やがて人類《じんるい》は、ヒツジやヤギ、ウシなどを家畜《かちく》として育《そだ》てるようになりました。このときも見張《みは》り役《やく》に適《てき》した犬《いぬ》が育《そだ》てられ、牧畜《ぼくちく》犬《けん》・牧羊犬《ぼくようけん》として活躍《かつやく》しました。

このように犬《いぬ》は、役割《やくわり》に応《おう》じて体《からだ》の大《おお》きさも特徴《とくちょう》もさまざまな品《ひん》種《しゅ》が作《つく》られてきました。今《いま》ではペットとして飼《か》われている犬《いぬ》でも、役割《やくわり》に応《おう》じた体《からだ》や性格《せいかく》の特徴《とくちょう》は変《か》わらずに残《のこ》っています。

体重差、体格差もさまざまな犬たち

セントバーナード（体重《たいじゅう》80キロ）はチワワ（体《たい》重《じゅう》２キロ）の40倍《ばい》もの体重《たいじゅう》。こんなに体格《たいかく》がちがっても、もとは同《おな》じ種《しゅ》類《るい》の犬《いぬ》の祖先《そせん》（イエイヌ）から品種改良《ひんしゅかいりょう》されている。

役割に応じて作られたいろいろな犬の種類

家畜《かちく》としての犬《いぬ》は、オオカミの子《こ》どもを数世代《すうせだい》にわたり飼《か》いならすことで誕生《たんじょう》しました。最初《さいしょ》は番犬《ばんけん》、猟犬《りょうけん》として活躍《かつやく》していましたが、人間《にんげん》の生活《せいかつ》や文化《ぶんか》が発展《はってん》するにつれて、さまざまな目的《もくてき》にあわせた犬《いぬ》が作《つく》り出《だ》されてきました。

■愛玩犬《あいがんけん》 ➡20ページ

人間《にんげん》のペットとしてかわいがられるために作《つく》られた犬《いぬ》。体《からだ》が小《ちい》さく、毛並《けな》みや毛色《けいろ》が美《うつく》しいものが多《おお》い。●おもな犬種《けんしゅ》：シーズー、ヨークシャー・テリア、チワワなど。

■猟犬《りょうけん》 ➡21ページ

狩《かり》の手伝《てつだ》いをする犬《いぬ》の仲間《なかま》。活動的《かつどうてき》で、運動好《うんどうず》きな犬《いぬ》が多《おお》い。
●おもな犬種《けんしゅ》：ラブラドール・レトリーバー、ゴールデン・レトリーバー、ビーグル、アメリカン・コッカ・スパニエルなど。

■日本古来《にほんこらい》の犬《いぬ》

➡23ページ

日本《にほん》で昔《むかし》から飼《か》われてきた犬《いぬ》の仲間《なかま》。番犬《ばんけん》や猟犬《りょうけん》として用《もち》いられてきた。飼い主に対して、とても忠実《ちゅうじつ》な犬《いぬ》が多《おお》い。●おもな犬種《けんしゅ》：柴犬《しばいぬ》、甲斐犬《かいけん》など。

■牧畜犬《ぼくちくけん》・牧羊犬《ぼくようけん》

➡22ページ

ヒツジなど家畜《かちく》の番犬《ばんけん》として働《はたら》く犬《いぬ》の仲《なか》間。逃げようとするヒツジを追《お》ったりするため、動《うご》くものにびんかんな犬《いぬ》が多《おお》い。●おもな犬種《けんしゅ》：シェットランド・シープ・ドッグ、ボーダー・コリー、ウエルッシュコーギーなど。

■警備犬《けいびけん》・作業犬《さぎょうけん》

人間《にんげん》のさまざまな仕事《しごと》を手伝《てつだ》う犬《いぬ》の仲間《なかま》。山《やま》で遭難《そうなん》した人《ひと》を助《たす》ける山岳救助犬《さんがくきゅうじょけん》や、警察犬《けいさつけん》などとして活躍《かつやく》する。●おもな犬種《けんしゅ》：ドイツシェパード、セント・バーナードなど。

愛玩犬《あいがんけん》

人間になれやすく初めて飼う人におすすめ

ヨークシャー・テリア、チワワ、パグ、ポメラニアン、トイ・プードル、シーズー、マルチーズ、キャバリア・キング・チャールズ・スパニエルなど

　ペットとして人間《にんげん》がかわいがるために作《つく》られた犬種《けんしゅ》です。

　扱《あつか》いやすい小柄《こがら》な体型《たいけい》と、キュートなルックスが特徴的《とくちょうてき》。人間《にんげん》になれやすいので、初《はじ》めて犬《いぬ》を飼《か》う人《ひと》にもおすすめです。

　ただし毛《け》の長《なが》い犬《いぬ》や、巻《ま》き毛《げ》が特徴《とくちょう》の犬《いぬ》などが多《おお》いので、こまめな体《からだ》の手入《てい》れが必要《ひつよう》です。ていねいにブラッシングをしましょう。

　特《とく》にプードルやヨークシャー・テリアなどは、ときどき犬《いぬ》の美容《びよう》師《し》さんに手入《てい》れをしてもらうといいでしょう。

チワワ

頭《あたま》が丸《まる》く、耳《みみ》が立《た》っている。体《たい》重《じゅう》1〜1.8キログラム程度《ていど》と、世《せ》界《かい》でいちばん小《ちい》さな犬《いぬ》。

トイ・プードル

独特《どくとく》の毛並《けな》みで、16世紀《せいき》ごろからヨーロッパで人気《にんき》を集《あつ》めてきた。体重《たいじゅう》3キログラム前後《ぜんご》。

シーズー

性格《せいかく》がおだやかで人間《にんげん》と遊《あそ》ぶのも好《す》き。飼《か》いやすいと人気《にんき》の犬《けん》種《しゅ》。体重《たいじゅう》4〜7キログラム。

キャバリア・キング・チャールズ・スパニエル

大《おお》きな目《め》が愛《あい》らしい犬種《けんしゅ》。20世《せい》紀《き》に入《はい》ってから作《つく》られた。体重《たいじゅう》5.5〜8キログラム。

猟犬《りょうけん》 動物の狩を手伝う犬

何の狩をするかによってちがう、性質や行動

◎水鳥《みずどり》の狩《かり》をする犬《いぬ》
ゴールデン・レトリーバー、ラブラドール・レトリーバーなど
◎動物《どうぶつ》の狩《かり》をする犬《いぬ》
ダックスフンド、ビーグル、フォックス・テリアなど

犬《いぬ》は大昔《おおむかし》から人間《にんげん》の狩《かり》を手伝《てつだ》ってきました。そしてどんな動物《どうぶつ》の狩《かり》を手伝《てつだ》うかによって、いろんな種類《しゅるい》の犬《いぬ》が作《つく》られてきました。今《いま》、ペットとして人気《にんき》の犬《いぬ》でも、猟犬《りょうけん》の仲間《なかま》はたくさんいます。彼《かれ》らの性質《せいしつ》や行動《こうどう》には、猟犬《りょうけん》としての特徴《とくちょう》がいろいろ見《み》られます。

例《たと》えばゴールデン・レトリーバーやラブラドール・レトリーバーは水鳥《みずどり》の狩《かり》を手伝《てつだ》う犬《いぬ》。飼《か》い主《ぬし》が撃《う》った水鳥《みずどり》を水《みず》の中《なか》から回収《かいしゅう》します。だから、彼《かれ》らは水《みず》が大好《だいす》き。水泳《すいえい》も得意《とくい》な犬《いぬ》が多《おお》いようです。

またミニチュア・ダックスフンドは、アナグマのせまい巣穴《すあな》に入《はい》っていって、獲物《えもの》を追《お》い出《だ》すためにダックスフンドを小型《こがた》にしたもの。だから見《み》かけはかわいらしいのですが、かなり気《き》が強《つよ》く、運動《うんどう》も大好《だいす》きです。

短《みじか》い足《あし》と長《なが》い胴《どう》が特徴《とくちょう》。毛《け》が長《なが》いタイプ、短《みじか》いタイプがいる。体重《たいじゅう》4.5キログラム前後《ぜんご》。

カワウソの狩《かり》を手伝《てつだ》う。テリアの中《なか》でもっとも大《おお》きく、「テリアの王様《おうさま》」ともいわれる。

もともと猟犬《りょうけん》だが、今《いま》では盲導《もうどう》犬《けん》や警察犬《けいさつけん》としても活躍《かつやく》している。体重《たいじゅう》25〜34キログラム。

牧畜犬《ぼくちくけん》・牧羊犬《ぼくようけん》

家畜の群れを追う責任感の強い性質

シェットランド・シープドッグ（シェルティ）、ウエルッシュ・コーギー、ボーダー・コリー、グレート・ピレニーズなど

ヒツジなどの家畜《かちく》の世話《せわ》をする牧畜犬《ぼくちくけん》や牧羊犬《ぼくようけん》も、ペットとしてよく飼《か》われます。しかし牧羊犬《ぼくようけん》の特徴《とくちょう》を知《し》らないで飼《か》うと、トラブルになることがあります。

ボーダー・コリーは、ヒツジの群《む》れを牧草地《ぼくそうち》まで道案内《みちあんない》します。途中《とちゅう》で群《む》れからはずれようとするヒツジを追《お》いかけ、群《む》れにもどしたりします。だから彼《かれ》らは動《うご》くものに、びんかんに反応《はんのう》します。

シェルティは、ヒツジが畑《はたけ》に入《はい》ってくるとけちらして、追《お》い払《はら》います。シェルティの飼《か》い主《ぬし》は「よくほえて困《こま》る」と悩《なや》むことが多《おお》いようです。しかしヒツジを追《お》い払《はら》うのに、大《おお》きな鳴《な》き声《ごえ》は実《じつ》は役《やく》に立《た》っているのです。

ウエルッシュ・コーギーは群《む》れからはずれたヒツジの足《あし》をかんで、群《む》れにもどします。家《いえ》で飼《か》う場合《ばあい》、しっかりしつけをしないと、かみぐせがつくこともあるようです。

イギリス原産《げんさん》。牧羊犬《ぼくようけん》のなかでも、特《とく》に頭《あたま》がよく、粘《ねば》り強《づよ》く仕事《しごと》をする。

ヨーロッパのピレネー山中《さんちゅう》で牧《ぼく》羊犬《ようけん》、番犬《ばんけん》として飼育《しいく》された犬《いぬ》。体重《たいじゅう》41～50キログラム。

キツネのようなかわいい顔立《かおだ》ちで、最近《さいきん》ペットとしても人気《にんき》。体重《たいじゅう》10～13.5キログラム。

日本古来《にほんこらい》の犬《いぬ》たち

一人の飼い主にだけなつく性質の犬も

柴犬《しばいぬ》などの祖先《そせん》の日本古来《にほんこらい》の犬《いぬ》と日本人《にほんじん》の関《かか》わりは深《ふか》く、縄文時代《じょうもんじだい》から飼《か》われていたようです。狩《かり》を手伝《てつだ》ったり、番犬《ばんけん》として働《はたら》いてきました。飼《か》い主《ぬし》と犬《いぬ》の関係《かんけい》は、一人《ひとり》の飼《か》い主《ぬし》に1匹《ぴき》の犬《いぬ》が従《したが》う1対《たい》1の関係《かんけい》がふつうでした。

だからペットの柴犬《しばけん》でも、一人《ひとり》の飼《か》い主《ぬし》になつき、ほかの人《ひと》のいうことを聞《き》かないことがあるようです。みんなで飼《か》う場合《ばあい》は、家族《かぞく》のどの人《ひと》のいうことも聞《き》くように、しつけをする必要《ひつよう》があります。

柴犬《しばいぬ》、甲斐犬《かいけん》、日本《にほん》スピッツなど

柴犬

日本犬《にほんけん》の中《なか》で人気《にんき》の犬種《けんしゅ》。あまり大《おお》きくなく、家庭《かてい》で飼《か》いやすい。体重《たいじゅう》7～11キログラム。

なるほどコラム

警察犬、盲動犬として働く犬はどんな犬種？

私《わたし》たちの身《み》のまわりには事件《じけん》を調《しら》べる警察犬《けいさつけん》、目《め》の不自由《ふじゆう》な人《ひと》を助《たす》ける盲導犬《もうどうけん》、地震《じしん》などが起《お》きたときに人《ひと》を助《たす》ける災害救助犬《さいがいきゅうじょけん》など、いろいろな犬《いぬ》が働《はたら》いています。

ではどの犬《いぬ》が、どんな仕事《しごと》に向《む》いているのでしょうか？たとえば警察犬《けいさつけん》というと、シェパード犬《けん》を思《おも》い浮《う》かべる人《ひと》は多《おお》いでしょう。しかし「シェパード犬《けん》だから、すべてが警察犬《けいさつけん》に向《む》いている」というわけではありません。犬《いぬ》の性格《せいかく》によって、向《む》き、不向《ふむ》きがあります。そして向《む》いている犬《いぬ》を訓練《くんれん》して、警察犬《けいさつけん》などを育《そだ》てているのです。

子犬を手に入れる時の注意点

犬《いぬ》を飼《か》うには、まずは健康《けんこう》で育《そだ》てやすい子犬《こいぬ》を手《て》に入《い》れることが大事《だいじ》です。それではどんなことに気《き》をつけたらいいのでしょうか？

しつけやすいのはおっとりした子犬

子犬《こいぬ》を手《て》に入《い》れるには、ペットショップやブリーダーから分《わ》けてもらうのがふつうです。しつけのことを考《かんが》えると、生《う》まれてから2、3ヵ月《げつ》くらいの子犬《こいぬ》を家《いえ》に連《つ》れてくるのがいちばんいいでしょう。それより小《ちい》さい子犬《こいぬ》は、親兄弟《おやきょうだい》と離《はな》されるとさびしさから神経質《しんけいしつ》な犬《いぬ》になってしまうことがあります。

子犬《こいぬ》を選《えら》ぶポイントは、まずは健康《けんこう》であること。右《みぎ》ページを参考《さんこう》に、体《からだ》のチェックをしましょう。

また何匹《なんびき》かいる中《なか》から子犬《こいぬ》を選《えら》ぶときは、どんな子犬《こいぬ》を選《えら》んだらいいのでしょうか？　おそらく多《おお》くの人《ひと》が「いちばん元気《げんき》で、活発《かっぱつ》に動《うご》き回《まわ》っている子犬《こいぬ》」と答《こた》えることでしょう。でも飼《か》いやすい犬《いぬ》を選《えら》びたいなら、いちばんおっとりして目立《めだ》たない子犬《こいぬ》を選《えら》ぶのが正解《せいかい》です。なぜならおっとりした犬《いぬ》は、しつけがしやすいからです。

両親がどんな犬か知っておこう

よく「子犬《こいぬ》は親犬《おやいぬ》を見《み》て選《えら》べ」といわれます。これはどういうことかというと、「親《おや》の犬《いぬ》の性格《せいかく》を見《み》れば、子犬《こいぬ》の性格《せいかく》もだいたいわかるので、親《おや》をよく見《み》て選《えら》ぼう」ということです。

親犬《おやいぬ》が人間《にんげん》になつきにくい犬《いぬ》だと、子犬《こいぬ》も将来《しょうらい》そうなることがあります。人《ひと》をすごくきらったり、こわがったり、攻撃《こうげき》してこようとするような親犬《おやいぬ》だったら、注意《ちゅうい》しましょう。

子犬を選ぶポイント

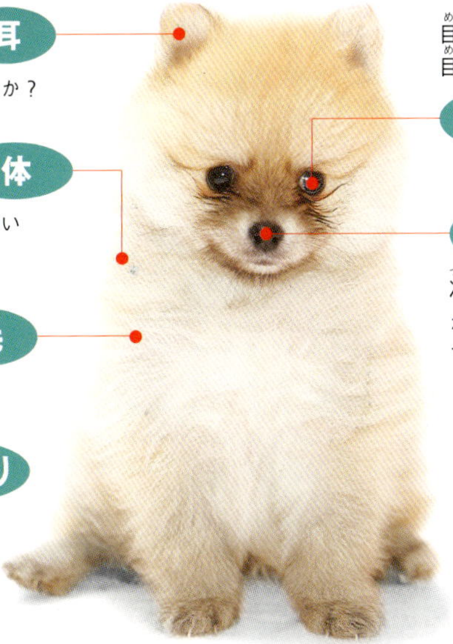

耳
変《へん》なにおいはしないか？ 耳《みみ》のまわりはきれいか？

体
背中《せなか》をなでてみて、骨《ほね》を感《かん》じるほどやせすぎていないかチェック。

毛
毛《け》につやがあり、はりがあるか？

おしり
お腹《なか》をこわしていると、おしりが汚《よご》れていることがあるので、よく見《み》てみよう。

目
目《め》ヤニで汚《よご》れたりせず、目《め》がすんでかがやいているか？

鼻
ツヤがあって、冷《つめ》たく湿《しめ》り気《け》があるか？ 鼻水《はなみず》をたらしていないか？

しっぽ
しっぽをよく動《うご》かすのは、元気《げんき》な証拠《しょうこ》。

オスとメスのどっちを選ぶ？

オスとメスでは、体《からだ》のつくりだけでなく、性質《せいしつ》もずいぶん違《ちが》います。世話《せわ》のしかたなどは特《とく》に変《か》わりませんが、初《はじ》めて飼《か》うならメスのほうが飼《か》いやすいでしょう。

オスはなわばり意識《いしき》が強《つよ》く、しっかりしつけをしないと、気《き》の荒《あら》いわがままな犬《いぬ》になることがあります。メスはオスに比《くら》べて性質《せいしつ》がおだやかなので、初《はじ》めて飼《か》う人《ひと》にはメスのほうが扱《あつか》いやすいのです。

藤井先生のワン！ポイントアドバイス

小《ちい》さな子《こ》どもがいるお家《うち》で犬《いぬ》を飼《か》うなら、体《からだ》があまり大《おお》きくなくて、毛《け》などの手入《てい》れに手間《てま》がかからない犬《けん》種《しゅ》がおすすめです。

犬を飼う前にこんなグッズを用意

家《いえ》に子犬《こいぬ》が来《く》る前《まえ》に、飼育《しいく》グッズをそろえておきましょう。見《み》た目《め》のかわいさだけでなく、使《つか》いやすさやじょうぶさもチェックしてね。

まずそろえておきたい必ず使うグッズ

ハウス（ケージ、クレート）

犬が安心してすごせる場所

犬《いぬ》が休《やす》むとき、お留守番《るすばん》するときには、ハウスが必要《ひつよう》です。ハウスは犬《いぬ》にとって、いちばんくつろげる自分《じぶん》の部屋《へや》のようなもの。必《かなら》ず用意《ようい》しましょう。

ハウスにはケージやクレートを使《つか》います。ケージはワイヤーでできていて、中《なか》が見《み》えやすくて、犬《いぬ》のようすがすぐわかるので便利《べんり》です。クレートは全体《ぜんたい》がプラスチックで、入《い》り口《ぐち》だけがスチールの網《あみ》になっている、移動用《いどうよう》にも使《つか》えるタイプです。子犬用《こいぬよう》でなく、大《おお》きくなってからも使《つか》えるサイズのものを買《か》うといいでしょう。

クレートは、中《なか》に入《い》れたまま車《くるま》に乗《の》せたりするのにも便利《べんり》。

トイレとペットシーツ

すぐしつけできるように最初から用意しよう

トイレのしつけは子犬《こいぬ》が家《いえ》に来《き》たらすぐに始《はじ》めたいもの。トイレやトイレの中《なか》にしくペットシーツは、飼《か》い始《はじ》める前《まえ》に必《かなら》ず用意《ようい》しておきましょう。

部屋《へや》の中《なか》で使《つか》う犬用《いぬよう》のトイレは、ペットショップなどでいろいろ売《う》っています。あまり大《おお》きすぎると犬《いぬ》が落《お》ち着《つ》きませんし、せますぎるとその中《なか》でオシッコやウンチがしにくいので、体《からだ》のサイズに合《あ》ったものを選《えら》びましょう。

プラスチックのかごや箱《はこ》に新聞《しんぶん》紙《し》をしいたものを、代《か》わりに使《つか》うこともできます。

犬用《いぬよう》のトイレは、犬《いぬ》が出入《でい》りしやすいように前《まえ》の部分《ぶぶん》が低《ひく》くなっている。

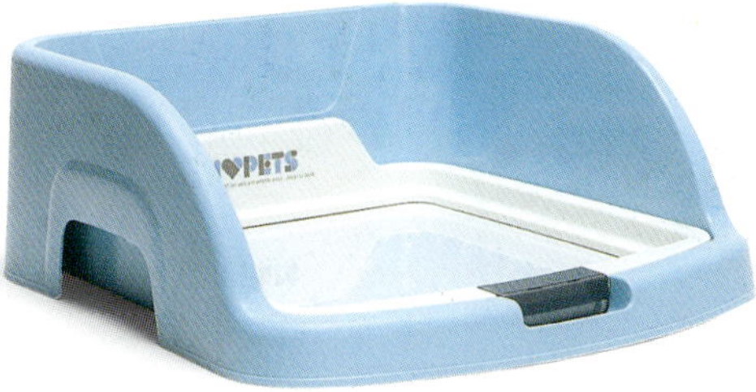

サークル

トイレのしつけにも使えるのであると便利

最初《さいしょ》に子犬《こいぬ》にトイレのしつけをするとき、トイレをサークルの中《なか》に置《お》き、そこでオシッコやウンチをさせると、しつけがスムーズにできます。

また家《いえ》の中《なか》をそうじするときや、お客《きゃく》さんが来《き》てちょっと犬《いぬ》を静《しず》かにさせておきたいとき、サークルがあると便利《べんり》です。サークルにもいろいろなサイズがあるので、犬《いぬ》の大《おお》きさに合《あ》ったものを用意《ようい》しましょう。

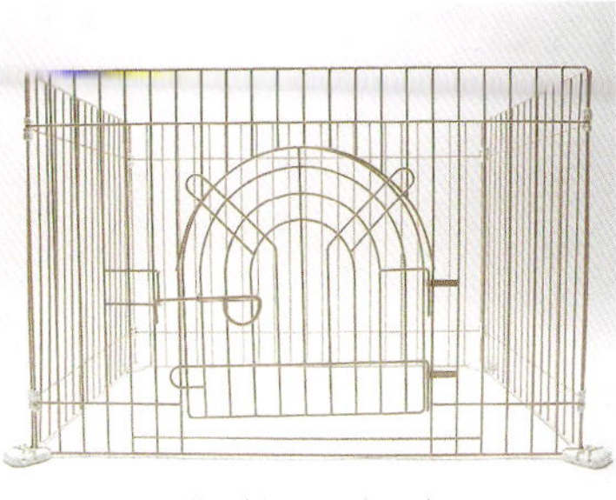

サークルを家《いえ》の中《なか》のどこに置《お》くかも、飼《か》う前《まえ》に考《かんが》えておこう。

首輪・リード

しつけやお散歩に欠かせないグッズ

首輪《くびわ》やリード(引《ひ》き綱《づな》)は子犬《こいぬ》が来《き》てすぐに着《つ》けるわけではありません。でも3～4ヵ月《げつ》ぐらいになってお散歩《さんぽ》へ出《で》るようになる前《まえ》には、ならしておきましょう。

いろいろな材質《ざいしつ》の首輪《くびわ》やリードがありますが、犬《いぬ》の大《おお》きさや毛《け》のタイプに合《あ》わせて選《えら》びましょう。首輪《くびわ》とリードがいっしょになっているものもあります。これは犬《いぬ》の毛《け》を金具《かなぐ》で傷《いた》めることがないので、毛《け》が長《なが》くて毛並《けな》みの美《うつく》しい犬《いぬ》におすすめです。

首《くび》ではなく、胴《どう》に着《つ》けるタイプの胴輪《どうわ》もあります。しかし胴輪《どうわ》はしつけや散歩《さんぽ》のとき、飼《か》い主《ぬし》が犬《いぬ》をコントロールしにくいこともあります。

首輪《くびわ》やリードには革《かわ》でできたもの、ナイロンや布《ぬの》でできたもの、チェーン(金属《きんぞく》)でできたものなどいろいろある。

食器

水飲み用と食事用の2種類が必要

犬《いぬ》には専用《せんよう》の食器《しょっき》で食事《しょくじ》をあげて、人間《にんげん》の食器《しょっき》は使《つか》わないようにします。ドッグフード用《よう》と水飲《みずの》み用《よう》にふたつ用意《ようい》しましょう。

いろいろな材質《ざいしつ》のものが出《で》ていますが、じょうぶで洗《あら》いやすく、清潔《せいけつ》に使《つか》えるものを選《えら》びましょう。せとものとかステンレス、プラスチックでできたものがおすすめ。犬《いぬ》が食《た》べやすいように、あまり深《ふか》くなくて、安定《あんてい》のよいものを選《えら》んで。

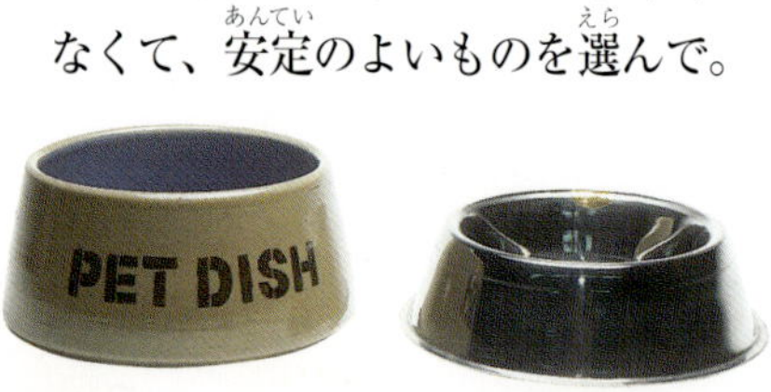

ブラシ、クシ、つめ切りなど

毛の長さやタイプに応じて選ぼう

犬《いぬ》の毛《け》の手入《てい》れをするためのブラシやクシ、長《なが》くなったつめを切《き》るための犬用《いぬよう》のつめ切《き》りなども、用意《ようい》しておきたいグッズです。

ブラシやクシは、犬《いぬ》の毛《け》のタイプや長《なが》さにあわせて選《えら》びましょう。毛《け》の長《なが》い犬《いぬ》には、豚《ぶた》やイノシシなどの動物《どうぶつ》の毛《け》でできたブラシや、毛先《けさき》の長《なが》いピンをゴム板《いた》に植《う》えこんだピンブラシ、毛並《けな》みを整《ととの》えるために使《つか》う金属性《きんぞくせい》のクシ（コーム）があると便利《べんり》です。

毛《け》の短《みじか》い犬《いぬ》は、短毛種用《たんもうしゅよう》のブラシやマッサージ用《よう》のブラシで、手入《てい》れをしてあげましょう。

つめ切《き》りは犬用《いぬよう》のものをペットショップなどで売《う》っていますので、用意《ようい》しておきましょう。

マッサージ用《よう》ブラシ
クシ
スリッカー
獣毛《じゅうもう》ブラシ
ピンブラシ

そのほかあると便利なグッズ

おもちゃ ボールやダンベルなど訓練《くんれん》にも使《つか》えるものを

ボールやダンベルなどのおもちゃは、飼《か》い主《ぬし》と遊《あそ》びながらいろいろな訓練《くんれん》ができます。部屋《へや》の中《なか》で「モッテコイ」をしたり（116～117ページ参照《さんしょう》）、外《そと》ではボール投《な》げ（118～119ページ参照《さんしょう》）をして、犬《いぬ》と楽《たの》しく遊《あそ》びましょう。

消臭剤 オシッコなどのにおい消しに

トイレのしつけの途中《とちゅう》で、部屋《へや》の中《なか》でオシッコなどをしてしまったときは、すぐにふいてにおいが残《のこ》らないようにします。消臭剤《しょうしゅうざい》などを利用《りよう》するといいでしょう。ペットショップでペット専用《せんよう》のものが手《て》に入《はい》ります。

犬が落ち着ける室内飼いがおすすめ

子犬《こいぬ》を迎《むか》える前《まえ》に、家《いえ》の中《なか》のどこで飼《か》うかを決《き》めておきましょう。できれば犬《いぬ》のようすがいつでもわかる室内飼《しつないが》いがおすすめです。

初めて犬を飼うなら室内飼いで

ひと昔前《むかしまえ》の日本《にほん》では、小《ちい》さな室《しつ》内犬《ないけん》をのぞいては「犬《いぬ》は外《そと》で飼《か》うもの」という考《かんが》え方《かた》がふつうでした。玄関《げんかん》や庭《にわ》などにつながれたまま飼《か》われる犬《いぬ》も多《おお》く見《み》られました。またほとんどのマンションなどの集《しゅう》合住宅《ごうじゅうたく》では「ペットを飼《か》ってはいけない」と決《き》められていました。

しかし今《いま》ではペットが飼《か》える集《しゅう》合住宅《ごうじゅうたく》も増《ふ》え、犬《いぬ》を室内《しつない》で飼《か》う人《ひと》も増《ふ》えてきています。室内飼《しつないが》いではいつも家族《かぞく》がそばにいるので、犬《いぬ》は安心《あんしん》して暮《く》らせます。また接《せっ》する時間《じかん》が長《なが》い分《ぶん》だけ、とても仲《なか》よしになれます。初《はじ》めて犬《いぬ》を飼《か》う人《ひと》には、特《とく》に室内飼《しつないが》いがおすすめです。でも、その分《ぶん》きちんとしつけをしないと、わがままな犬《いぬ》になりやすいので気《き》をつけましょう。

家の中でもハウスを中心にした生活を

室内飼《しつないが》いの場合《ばあい》、どの部屋《へや》でも自由《じゆう》に行《い》き来《き》できるようにしておくと、犬《いぬ》は落《お》ち着《つ》かなくなってしまいます。なぜなら犬《いぬ》はなわばり意識《いしき》の強《つよ》い動物《どうぶつ》なので、すべての部屋《へや》が自分《じぶん》のなわばりだと思《おも》ってしまうからです。そしてその中《なか》に知《し》らない人《ひと》が入《はい》ってくると、ほえたり攻撃《こうげき》しようとしたりします。

犬《いぬ》にそう思《おも》わせないためには、ハウスを家族《かぞく》の顔《かお》がよく見《み》える場《ば》所《しょ》に置《お》きます。そして必要《ひつよう》な時間《じかん》以外《いがい》は、ハウスの中《なか》で過《す》ごすようにします。こうすると犬《いぬ》は安心《あんしん》して、のんびり過《す》ごせます。

犬はどうしてハウスに入ると安心できるの？

犬《いぬ》をせまい場所《ばしょ》に閉《と》じ込《こ》めておくとかわいそうだというのは、人間《にんげん》の思《おも》いこみなんだね。

犬《いぬ》には自分《じぶん》のなわばりを守《まも》ろうとする本能《ほんのう》があります。広《ひろ》い場所《ばしょ》で放《はな》し飼《が》いにしていると、すべての場所《ばしょ》をなわばりだと思《おも》い守《まも》ろうとして、落《お》ち着《つ》きがなくなってしまいます。だから限《かぎ》られた空間《くうかん》にいるほうが、落《お》ち着《つ》いて過《す》ごせるのです。

広《ひろ》い場所《ばしょ》で放《はな》し飼《が》いにしていると……

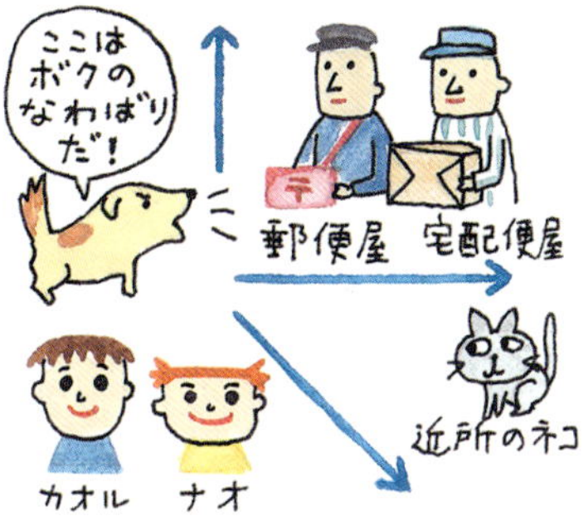

すべての場所《ばしょ》が自分《じぶん》のなわばりだと思《おも》いこんで、不安《ふあん》になってしまいます。

ハウスを中心《ちゅうしん》に暮《く》らしていると……

ハウスの中《なか》は、自分《じぶん》にとっていちばん安全《あんぜん》な場所《ばしょ》だと思《おも》うので、安心《あんしん》して落《お》ち着《つ》いた気分《きぶん》でいられます。

ハウスはどれぐらいの広さがいいの？

犬《いぬ》の祖先《そせん》のオオカミは、せまい巣穴《すあな》で暮《く》らしていました。だから犬《いぬ》も、体《からだ》がすっぽりおさまるぐらいの広《ひろ》さのハウスの中《なか》にいるのが、いちばん落《お》ち着《つ》きます。子犬《こいぬ》のころハウスが広《ひろ》すぎるようなら、毛布《もうふ》や空《あ》き箱《ばこ》などを入《い》れて、広《ひろ》さを調節《ちょうせつ》してあげましょう。

安全、快適に過ごせる飼育環境を整えよう

家《いえ》の中《なか》は外《そと》よりあぶないものがないように見《み》えます。でも犬《いぬ》にとって危険《きけん》なものもあります。安全《あんぜん》に過《す》ごせるようにしてあげましょう。

ハウスやトイレの置き場所を決めよう

新《あたら》しい犬《いぬ》を迎《むか》える前《まえ》に、ハウスやトイレを家《いえ》の中《なか》のどこに置《お》くかを考《かんが》えておきましょう。

たとえば体《からだ》の大《おお》きい犬《いぬ》だと、ハウスも広《ひろ》いものが必要《ひつよう》になります。置《お》き場所《ばしょ》もそれに応《おう》じた広《ひろ》さがないと置《お》けません。だから家《いえ》の中《なか》のどこならだいじょうぶか、事前《じぜん》に考《かんが》えて、犬《いぬ》が来《く》る前《まえ》に決《き》めておきましょう。

ハウスを家族《かぞく》の顔《かお》が見《み》える場所《ばしょ》に置《お》くと、犬《いぬ》は落《お》ち着《つ》いて過《す》ごせます（30ページ参照《さんしょう》）。また来《き》たばかりの子犬《こいぬ》が新《あたら》しい家《いえ》になれるまでは、ハウスもトイレも人《ひと》の目《め》が届《とど》くリビングなどに置《お》くのがおすすめです。

口にしてあぶないものは置かないで

子犬《こいぬ》はいたずらが大好《だいす》き。子犬《こいぬ》を自由《じゆう》に部屋《へや》の中《なか》で遊《あそ》ばせたら、パパのスリッパからみんなのおもちゃまで、何《なん》でも興味《きょうみ》のあるものを手当《てあ》たりしだいに見《み》つけてきては、口《くち》にくわえて遊《あそ》ぶことでしょう。

犬《いぬ》が口《くち》にすると体《からだ》によくないものやあぶないものもあります。右《みぎ》であげているように、中毒《ちゅうどく》を起《お》こすおそれのあるものも、たくさんあります。犬《いぬ》のいる部屋《へや》に、あぶないものがないか注意《ちゅうい》しましょう。

大事《だいじ》なものをかまれたり、こわされたりしないためにも、子犬《こいぬ》のうちから入《はい》っていい場所《ばしょ》、入《はい》ってはいけない場所《ばしょ》をキチンと決《き》めておきましょう。

これに注意！
犬が中毒を起こす危険のあるもの

植物 アサガオの種《たね》、アマリリスの球根《きゅうこん》、アセビ、イヌホウズキ、オシロイバナ、ジャガイモの芽《め》、スイセンの球根《きゅうこん》、スズラン、ソテツの種子《しゅし》、チョウセンアサガオ、トリカブト、ニセアカシア、ヒガンバナ、フジなど。

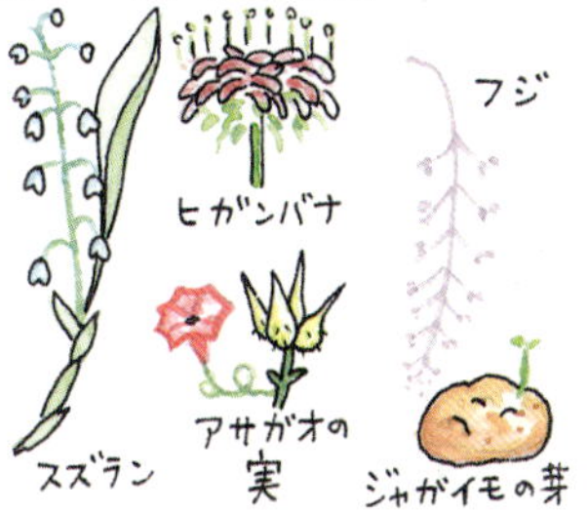

化学物質 洗剤《せんざい》、漂白剤《ひょうはくざい》、石《せっ》けん、防虫剤《ぼうちゅうざい》、乾燥剤《かんそうざい》、保冷材《ほれいざい》、蚊取《かと》り線香《せんこう》、殺虫剤《さっちゅうざい》、殺《さっ》そ剤《ざい》（ねずみ退治《たいじ》の薬《くすり》）、除草剤《じょそうざい》、タバコなど。

動物 ヒキガエル、ハチ、クラゲ、毒《どく》ヘビなど。

中毒《ちゅうどく》の手当《てあ》ての方法《ほうほう》は139ページを参考《さんこう》に

なるほどコラム
かわいい名前を犬につけてあげよう

犬《いぬ》の名前《なまえ》を考《かんが》えて、決《き》めるのは楽《たの》しいもの。犬《いぬ》は自分《じぶん》の名前《なまえ》を繰《く》り返《かえ》し呼《よ》ばれているうちに覚《おぼ》え、名前《なまえ》を呼《よ》んだら来《く》るようになります。だから家族《かぞく》で名前《なまえ》の呼《よ》び方《かた》はひとつに決《き》めておきましょう。あだ名《な》をつけてちがう呼《よ》び方《かた》をしたりするのはやめましょう。

ちなみに日本犬《にほんけん》の柴犬《しばいぬ》ではオスならタロウ、リュウ、マル、メスならモモ、ハナ、チビといった名前《なまえ》が多《おお》いそうです。また洋犬《ようけん》だとラッキー、ジョンなど、やはり横文字《よこもじ》の名前《なまえ》が多《おお》いとか。みんなも呼《よ》びやすくて、かわいい名前《なまえ》をつけてあげてね。

知って得する
ワンワン
情報

犬がもっている能力を知ろう
～犬の嗅覚、聴覚、視覚～

においをかぐ力(嗅覚)
人間の100万倍の能力を持つ

犬《いぬ》の嗅《きゅう》覚細胞《かくさいぼう》（においを感《かん》じる細胞《さいぼう》）の数《かず》は人《ひと》の30～40倍《ばい》、そしてなんと人《ひと》の100万倍《まんばい》もの感度《かんど》でにおいをかぎ分《わ》けられるといわれています。

中《なか》でもシェパード犬《けん》のように顔《かお》の長《なが》い犬種《けんしゅ》は、特《とく》に嗅《きゅう》覚《かく》がすぐれています。

この能《のう》力《りょく》を発揮《はっき》して活躍《かつやく》している犬《いぬ》たちは、たくさんいます。犯人《はんにん》の残《のこ》したにおいから犯人《はんにん》を探《さが》し出《だ》す警察犬《けいさつけん》。空港《くうこう》などで活《かつ》躍《やく》する麻薬探知犬《まやくたんちけん》などがいます。

音を聞く力(聴覚)
人に聞こえない音も聞こえる

聴《ちょう》覚《かく》もすぐれていて、人《ひと》の約《やく》4倍《ばい》といわれています。これは人《ひと》が聞《き》きとれる範囲《はんい》の4倍《ばい》の距《きょ》離《り》から、音《おと》を拾《ひろ》うことができるということです。

しかも人《ひと》には聞《き》こえない高《こう》周《しゅう》波《は》の音《おと》も聞《き》きとれます。家族《かぞく》の帰《かえ》ってくる足音《あしおと》を聞《き》きあて、玄《げん》関《かん》で出迎《でむか》えてくれるのもこの聴《ちょう》覚《かく》のおかげ。なお耳《みみ》が垂《た》れた犬《いぬ》より立《た》った犬《いぬ》のほうが、聴《ちょう》覚《かく》がいいようです。

見る力(視覚)
近眼だけど動きに強い

犬《いぬ》の目《め》は近眼《きんがん》でしかも色《いろ》がわからないため、白黒《しろくろ》にしか見《み》えていません。しかし視野《しや》（見《み》える範《はん》囲《い》）は人《ひと》が約《やく》180度《ど》なのに対《たい》し、約《やく》200度《ど》から250度《ど》くらいあります。自分《じぶん》の少《すこ》し後《うし》ろも見《み》ることができるのです。また、動《うご》くものに反応《はんのう》する速《はや》さは抜群《ばつぐん》です。

2

ウチに子犬がやって来た!

～子犬のならし方～

今日からラッキーは家族の一員！

もうすぐ 新しい 家に つくからね…
今日からここが キミの 家だよ
ようこそ ラッキー！
さあ 走っていいよ!!
そーっ
うろ うろ
ラッキー どうしたの？
キャン キャン キャン
おなかが すいてるのかしら
…
わーー!! おしっこした！
じょーっ

待《ま》ちに待《ま》った子犬《こいぬ》が、やってくる日《ひ》になりました。カオルはパパといっしょにペットショップへ迎《むか》えに行《い》きました。でもお家《うち》についたらラッキーは、クンクン鳴《な》いて落《お》ち着《つ》かないみたい……。どうしたら、早《はや》く新《あたら》しいお家《うち》になれてくれるのかな？

子犬が新しいお家に来た日

子犬《こいぬ》が来《き》たら、すぐにいっしょに遊《あそ》びたいでしょう。でも最初《さいしょ》の2～3日《にち》はがまん。新《あたら》しいお家《うち》に、少《すこ》しずつならしてあげましょう。

まずはハウスに入れて様子を見てみよう

新《あたら》しい家《いえ》に来《き》たばかりの子犬《こいぬ》は、不安《ふあん》でいっぱい。しかも長《なが》い時間《じかん》乗《の》り物《もの》で運《はこ》ばれてきたら、かなり疲《つか》れているはずです。来《き》てから2、3日《にち》は遊《あそ》びたくてもちょっとがまん。お家《うち》になれるまではかまいすぎないようにしましょう。小《ちい》さな弟《おとうと》や妹《いもうと》がいるお家《うち》では「なれるまで、そっとしておいてあげよう」と注意《ちゅうい》してあげてね。

子犬《こいぬ》が家《いえ》に着《つ》いたら、まずはトイレに連《つ》れていってあげましょう(詳《くわ》しくは40～41ページ)。そのあとはハウスに入《い》れて、そっと様子《ようす》を見《み》ます。

かまいすぎないといっても、家《か》族《ぞく》の姿《すがた》がまったく見《み》えないと、子《こ》犬《いぬ》は心配《しんぱい》になります。家族《かぞく》がそばにいるのが感《かん》じられ、落《お》ち着《つ》ける場所《ばしょ》(たとえばリビングなど)にハウスを置《お》くといいでしょう。

● 家族の姿が見えるリビングにハウスを置いてあげると、子犬は安心できます ●

眠っているときはそっとしておこう

子犬《こいぬ》は1日《にち》のほとんどを寝《ね》て過《す》ごします。1日《にち》20時間《じかん》ぐらいは眠《ねむ》っています。寝《ね》ているときは、無《む》理《り》に起《お》こさないで。よく眠《ねむ》れないと、元気《げんき》がなくなってお腹《なか》をこわしたり、吐《は》くこともあります。

兄弟《きょうだい》やお母《かあ》さんから離《はな》された子犬《こいぬ》は、さびしい気持《きも》ちになりがち。夜《よる》は人間《にんげん》の寝《ね》る部屋《へや》にハウスを置《お》くと、落《お》ち着《つ》いて眠《ねむ》れます。また昼間《ひるま》でも夜寝《よるね》る時《とき》でも、子犬《こいぬ》をひとりぼっちにしないで、いつも人《ひと》の気配《けはい》を感《かん》じられる場所《ばしょ》に置《お》いてあげましょう。

夜《よる》は人間《にんげん》の寝室《しんしつ》にハウスを置《お》くと、子《こ》犬《いぬ》は落《お》ち着《つ》いて眠《ねむ》れる。

最初の2、3日は食事は少なめに

家《いえ》に来《き》てしばらくは、ペットショップやブリーダーのところで食《た》べていたのと同《おな》じエサをあげるようにします。どこのメーカーの、どんな種類《しゅるい》のドックフードをあげていたかを聞《き》いておきましょう。

環境《かんきょう》がかわったために、お腹《なか》をこわす子犬《こいぬ》もいるので、2、3日《にち》は量《りょう》を少《すく》なめにします。3日《みっか》ぐらいしてなれてきたら、普通《ふつう》の量《りょう》にしてだいじょうぶです。

子犬《こいぬ》はいっぺんにたくさん食《た》べられないので、1日《にち》に3、4回《かい》に分《わ》けてエサをあげましょう。エサといっしょに、新鮮《しんせん》な水《みず》も用意《ようい》します。犬《いぬ》がいつでも水《みず》が飲《の》めるように、くんで置《お》いておく必要《ひつよう》はありません。食事《しょくじ》の時《とき》、散歩《さんぽ》の後《あと》など1日《にち》に何回《なんかい》か、きれいな水《みず》をあげてください。

藤井先生のワン!ポイントアドバイス

子犬《こいぬ》が鳴《な》きやまないとき、だっこしたり、声《こえ》をかけたりすると甘《あま》えぐせがつきます。かまわずにいたほうが、おとなしくなるものです。

トイレのしつけは最初が大事

犬《いぬ》はきちんとしつけをすれば、決《き》まった場所《ばしょ》をトイレにするようになります。家《いえ》に来《き》たその日《ひ》から、トイレのしつけを始《はじ》めましょう。

犬の習性を利用してしつけをしよう

犬《いぬ》はきれい好《ず》きな動物《どうぶつ》です。寝床《ねどこ》から離《はな》れた場所《ばしょ》でウンチやオシッコをし、居場所《いばしょ》を汚《よご》さない習性《しゅうせい》をもっています。この習性《しゅうせい》を利用《りよう》してトイレのしつけをしましょう。

しつけを成功《せいこう》させるには、犬《いぬ》を放《はな》し飼《が》いにしないことがポイントです。ふだんハウスにいる犬《いぬ》は、そこは自分《じぶん》の寝床《ねどこ》だと思《おも》っているので、オシッコやウンチをその中《なか》ですることはありません。しかし放《はな》し飼《が》いにしていれば、犬《いぬ》はしたいときにしたい場所《ばしょ》で用《よう》を足《た》すようになってしまいます。

トイレのしつけは、あせらず、根気《こんき》よく、が肝心《かんじん》。家族《かぞく》で協力《きょうりょく》して、教《おし》えてあげましょう。

子犬が家に来る前にトイレを用意

トイレのしつけを始《はじ》める時期《じき》は、早《はや》ければ早《はや》いほどいいといわれています。子犬《こいぬ》を家《いえ》に迎《むか》える前《まえ》に、ハウスとトイレを準備《じゅんび》して、場所《ばしょ》も決《き》めておきます。

最初《さいしょ》はリビングなど目《め》の届《とど》きやすい場所《ばしょ》にトイレを置《お》くと、しつけがしやすいでしょう。

また、しつけが完全《かんぜん》にできるようになるまでは、トイレをサークルで囲《かこ》いましょう。

いよいよ子犬《こいぬ》が家《いえ》にやって来《き》たら、まずはサークルの中《なか》に入《い》れ、オシッコをさせてあげます。こうして子犬《こいぬ》がトイレの場所《ばしょ》を覚《おぼ》えて、だんだん新《あたら》しい家《いえ》になれてきたら、本格的《ほんかくてき》なしつけを始《はじ》めましょう。

トイレのしつけ方

ほめるときは声《こえ》をかけるだけでじゅうぶん。頭《あたま》をなでたりすると、「トイレの中《なか》にいると、頭《あたま》をなでてもらえるんだ」って犬《いぬ》がかんちがいしてしまうことがあるらしいよ。

子犬《こいぬ》をサークルの中《なか》に入《い》れ、とびらを閉《し》める。そしてオシッコやウンチをするまで待《ま》つ。

サークルの中《なか》には、トレー式《しき》のトイレを入《い》れてもいいし、ペットシーツか新《しん》聞紙《ぶんし》をしきつめるだけもＯＫ。

トイレの中《なか》でうまくできたら、すぐに声《こえ》をかけてほめてあげる。このとき、あまりおおげさにほめてはダメ。「いい子《こ》だね、よしよし」と声《こえ》をかけるだけで十分《じゅうぶん》。

タイミングよくトイレに連れて行ってあげよう

子犬《こいぬ》のうちは１日《にち》に何度《なんど》もウンチとオシッコを繰《く》り返《かえ》します。おもらしをしてしまうこともありますが、できないからといって、しかったりしないで。かえって覚《おぼ》えが悪《わる》くなってしまいます。

まずは子犬《こいぬ》が朝《あさ》目覚《めざ》めたら、すぐにトイレ用《よう》サークルに連《つ》れて行《い》き、出《で》られないようにとびらを閉《し》めます。子犬《こいぬ》がオシッコやウンチをしたら、サークルの外《そと》から「よくできたね」と声《こえ》をかけてほめてあげてから、外《そと》に出《だ》します。

あとは食事《しょくじ》や水《みず》を飲《の》んだ後《あと》、お昼寝《ひるね》から起《お》きたときなど、タイミングを見計《みはか》らって、同《おな》じことを繰《く》り返《かえ》します。また床《ゆか》のにおいをクンクンかいだり、ウロウロ、ソワソワするのはトイレに行《い》きたいサイン。こんなときは、すぐにトイレに連《つ》れて行《い》ってあげましょう。

トイレの場所を覚えたら自由に行かせてみよう

繰《く》り返《かえ》ししつけをしているうちに、犬《いぬ》はトイレの場所《ばしょ》を覚《おぼ》えてきます。したくなると自分《じぶん》から行《い》くようになるので、サークルの一《いち》面《めん》をはずして、犬《いぬ》が自由《じゆう》に出入《でい》りできるようにします。

自分《じぶん》でトイレに入《はい》ってできるようになれば、しつけは大成功《だいせいこう》。「いい子《こ》だね！　よしよし」と声《こえ》をかけてほめてあげましょう。

犬《いぬ》がオシッコやウンチをしたら、すぐにペットシーツや新聞紙《しんぶんし》は取《と》り替《か》えましょう。犬《いぬ》はきれい好《ず》きなので、汚《よご》れたところではトイレをしたがらないからです。

トイレ以外の場所でしてしまったときは

トイレ以外《いがい》の場所《ばしょ》でオシッコやウンチをしてしまったら、その場所《ばしょ》をしっかりふきとりましょう。仕上《しあ》げにペット用《よう》の消臭剤《しょうしゅうざい》を使《つか》うと効果的《こうかてき》です。

また、そそうをした後《あと》に犬《いぬ》をしかってはいけません。犬《いぬ》をしかっても、犬《いぬ》は「その場所《ばしょ》にそそうをしたからしかられた」とは思《おも》いません。「オシッコやウンチをすることが悪《わる》いことだ」と思《おも》いこんでしまいます。

そっとかたづけて、次《つぎ》にうまくできたら、ほめてあげましょう。

散歩をトイレタイムにするのはやめよう

散歩《さんぽ》のときに、犬《いぬ》にオシッコやウンチをさせる人《ひと》は多《おお》いようです。でもそれでは雨《あめ》が降《ふ》ったり、具合《ぐあい》が悪《わる》くて散歩《さんぽ》できないときなど、トイレができず困《こま》ってしまいます。

外《そと》で犬《いぬ》にトイレをさせたければ、散歩《さんぽ》とは関係《かんけい》なく家《いえ》の庭《にわ》などでさせるのもひとつの方法《ほうほう》です。

しかしマンションなどの集合住宅《しゅうごうじゅうたく》で犬《いぬ》を飼《か》う場合《ばあい》、この方法《ほうほう》はむずかしいもの。家《いえ》の中《なか》にトイレを用意《ようい》して、そこでできるようにしつけるのがいちばんです。

トイレの場所をかえる方法
リビングから洗面所へトイレを移す場合

1 はじめはリビングなど目《め》の届《とど》くところにトイレを置《お》いて、トレーニング

2 トイレを覚《おぼ》えたら少《すこ》しずつ位置《いち》を動《うご》かして、洗面所《せんめんじょ》などトイレにしたい場所《ばしょ》まで持《も》っていく

しつけが成功したら場所を移してもOK

トイレがきちんとできるようになったら、場所《ばしょ》を移《うつ》すこともできます。突然《とつぜん》場所《ばしょ》をかえると子犬《こいぬ》がわからなくなるので、少《すこ》しずつ動《うご》かしていくのがポイントです。

そうじのしやすさを考《かんが》えると、洗面所《せんめんじょ》やお風呂場《ふろば》のそばにトイレを置《お》くのがおすすめです。ここなら すぐに水洗《みずあら》いができるので、衛生的《えいせいてき》です。

また、ベランダにトイレを置《お》いてもかまいません。ただし、においで近所《きんじょ》の人《ひと》に迷惑《めいわく》をかけないように、いつもきれいにしておきましょう。

トイレの場所《ばしょ》を移《うつ》しても、サークルで囲《かこ》まれていれば外《そと》に出《で》られないので、犬《いぬ》がトイレの場所《ばしょ》をわからなくなることはありません。

藤井先生の ワン!ポイントアドバイス

トイレを失敗《しっぱい》したとき、たたくのは逆効《ぎゃくこう》果《か》。「オシッコをしたらたたかれた」と犬《いぬ》は思《おも》いこみ、隠《かく》れてオシッコするようになることもあります。

なれてきたら、ふれあってみよう

犬《いぬ》が家族《かぞく》になれてきたら、体《からだ》にさわってなでたり、だっこしてみましょう。最初《さいしょ》は犬《いぬ》が気《き》持《も》ちいいと思《おも》う場所《ばしょ》を触《さわ》るようにします。

まずは犬が気持ちいい場所をなでてあげよう

犬《いぬ》と仲《なか》よしになるには、体《からだ》をなでたり、だっこしてふれあうことが、とても大切《たいせつ》です。

まず最初《さいしょ》に頭《あたま》の後《うし》ろから背中《せなか》を、毛並《けな》みにそってやさしくなでてあげましょう。犬《いぬ》は頭《あたま》から背中《せなか》にかけてなでられると気持《きも》ちが落《お》ち着《つ》きます。目《め》を細《ほそ》めてウットリするかもしれません。また首《くび》から胸《むね》にかけてさわられるのも好《す》きです。

体のどこをさわられても平気な犬にしよう

犬《いぬ》は耳《みみ》や鼻先《はなさき》、口《くち》のまわり、足《あし》の先《さき》、わき腹《ばら》、しっぽの先《さき》などをさわられるのをきらいます。これらの部分《ぶぶん》は、敵《てき》からおそわれたとき、ケガをしやすい場所《ばしょ》。そのため神経《しんけい》が敏感《びんかん》になっていて、さわられるのをきらうのです。

でもつめ切《き》りや耳掃除《みみそうじ》などのお手入《てい》れや、病院《びょういん》で獣医《じゅうい》さんに診察《しんさつ》してもらうときに、体《からだ》にさわれなかったら大変《たいへん》。体《からだ》のどこをさわられても平気《へいき》な犬《いぬ》にしておきましょう。

これにはホールドスチールやタッチング（62〜67ページ）などのふれあい方《かた》が効果的《こうかてき》。お父《とう》さんやお母《かあ》さんといっしょにやってみましょう。

だっこのしかた

1 まずは犬《いぬ》の後《うし》ろ側《がわ》から持《も》ち上《あ》げる。わきの下《した》にいきなり手《て》を入《い》れると驚《おどろ》くことがあるので、ゆっくり、やさしく持《も》ち上《あ》げよう

注意

だっこするときは、犬《いぬ》の頭《あたま》は人間《にんげん》の肩《かた》より下《した》になるようにする

2

人《ひと》のおなかの位置《いち》に、犬《いぬ》も同《おな》じ方《ほう》向《こう》を向《む》くようにだっこする。人間《にんげん》の赤《あか》ちゃんをだくように犬《いぬ》のおなかを上《うえ》にしてだくのもいい

だっこするときは目線は人間より下に

体《からだ》をさわられることに犬《いぬ》がなれてきたら、今度《こんど》はだっこしてみましょう。

だっこするとき注意《ちゅうい》したいのは、人《ひと》と犬《いぬ》が同《おな》じ方向《ほうこう》を向《む》くようにすること。こうすると、犬《いぬ》は人間《にんげん》によくなつき、いうことをよく聞《き》くようになります。

また人間《にんげん》の肩《かた》より上《うえ》に、犬《いぬ》の頭《あたま》が出《で》ないようにだきましょう。犬《いぬ》の目線《めせん》が人間《にんげん》より上《うえ》にいくと、犬《いぬ》が人間《にんげん》を見下《みくだ》すことがあるからです。気《き》をつけましょう。

犬《いぬ》の種類《しゅるい》によっては体《からだ》が大《おお》きく、子供《こども》がだっこするには重《おも》たすぎるものもいます。大《おお》きな犬《いぬ》は、無理《むり》にだっこしなくてかまいません。

人、音、環境など いろいろな体験をさせよう

生後《せいご》3ヵ月《かげつ》くらいの間《あいだ》にいろいろな体験《たいけん》をさせると、社会環境《しゃかいかんきょう》によくなれる犬《いぬ》に育《そだ》ちます。外《そと》へ連《つ》れ出《だ》し、いろいろ教《おし》えましょう。

子犬のうちから どんどん外に出そう

生後《せいご》1～3ヵ月《げつ》くらいの子犬《こいぬ》は、まわりのモノや人《ひと》などに興味《きょうみ》を持《も》つ時期《じき》。この時期《じき》にいろいろな体験《たいけん》をさせると、おおらかな犬《いぬ》になります。

ペットショップなどで「生《う》まれてから4～5ヵ月《げつ》くらいまでは、できるだけ外《そと》に出《だ》さないでください」といわれることがあります。

子犬《こいぬ》は生後《せいご》2ヵ月頃《げつごろ》には、伝染病《でんせんびょう》の予防接種《よぼうせっしゅ》を受《う》け始《はじ》めます。でも予防接種《よぼうせっしゅ》を受《う》けても、絶対《ぜったい》に病気《びょうき》にかかる心配《しんぱい》がないわけではありません。それでこのようにいわれることがあるのです。

でも、外《そと》に連《つ》れ出《だ》しても、子犬《こいぬ》を地面《じめん》におろしたり歩《ある》かせたりしなければ、病気《びょうき》にかかる可能性《かのうせい》はほとんどありません。

ずっと部屋《へや》の中《なか》で暮《く》らしていると、犬《いぬ》は外《そと》の世界《せかい》を知《し》らないままでおくびょうになりがちです。おとなになってから性格《せいかく》を治《なお》すのはむずかしいもの。子犬《こいぬ》のうちのトレーニングが、とても大切《たいせつ》なのです。

家族以外の人やよその犬とのふれあいは大切

では、どんなことをしたらいいのでしょうか？　まずは家《いえ》の外《そと》へ出《で》かけてみましょう。だっこしたり、かごやハウスに入《い》れたりして、いろいろな場所《ばしょ》を歩《ある》きましょう。これなら病気《びょうき》にかかる心配《しんぱい》もほとんどありません。なれるまでは、犬《いぬ》が逃《に》げるおそれがあるので、おとなといっしょにやりましょう。

子犬にいろいろな体験をさせると、おおらかな犬になる

だっこしたり、バッグなどに入《い》れてお散歩《さんぽ》

車《くるま》に乗《の》せて、近《ちか》くをドライブ

ほかの犬《いぬ》、猫《ねこ》などのちがう種類《しゅるい》の動物《どうぶつ》になれさせよう

飼《か》い主《ぬし》だけでなく、いろんな人《ひと》になでてもらおう

お父《とう》さんやお母《かあ》さんに頼《たの》んで、ドライブに連《つ》れていってもらうのもいいでしょう。ただし子犬《こいぬ》は車《くるま》に酔《よ》うこともあるので、最初《さいしょ》は短《みじか》い時間《じかん》にしておいて。

家族以外《かぞくいがい》の人《ひと》になでてもらったり、よその犬《いぬ》に会《あ》わせることも大切《たいせつ》です。猫《ねこ》などのほかのペットといっしょに飼《か》う場合《ばあい》も、早《はや》い時期《じき》からならしていきましょう。

藤井先生の ワン!ポイントアドバイス

これらのトレーニングは、1回《かい》だけやって終《お》わりにしないでください。生後《せいご》4ヵ月頃《かげつごろ》までの間《あいだ》に繰《く》り返《かえ》しやると、さらに効果《こうか》があがります。

知って得する
ワンワン
情報

いろいろな形がある犬の耳をチェック！
～垂れ耳、立ち耳～

犬《いぬ》の耳《みみ》には、いろんな形《かたち》があります。耳全体《みみぜんたい》が立《た》っているもの、横《よこ》に垂《た》れ下《さ》がっているものなどさまざまです。なお耳《みみ》が垂《た》れている犬《いぬ》は、耳《みみ》の中《なか》がよごれがちです。手《て》入《い》れをこまめにしてあげましょう。

プリック・イアー
(直立耳《ちょくりつみみ》)

立《た》っている耳《みみ》のこと。
ドーベルマンなど

バット・イアー
(こうもり耳《みみ》)

直立耳《ちょくりつみみ》の一種《いっしゅ》で、先《さき》が丸《まる》い耳《みみ》のこと。
フレンチ・ブルドッグなど

セミプリック・イアー
(半直立耳《はんちょくりつみみ》)

直立《ちょくりつ》した耳《みみ》の先《さき》が、前《まえ》に少《すこ》し垂《た》れているもの。コリーなど

ボタン・イアー
(V字形耳《ブイじがたみみ》)

耳《みみ》の先《さき》がV字形《ブイじがた》に折《お》れ曲《ま》がっているもの。シベリアン・ハスキーなど

ローズ・イアー
(バラ耳《みみ》)

耳《みみ》の中《なか》がバラの花《はな》のように見《み》えるもの。ブルドッグなど

ドロップ・イアー
(垂《た》れ耳《みみ》)

付《つ》け根《ね》から垂《た》れている耳《みみ》のこと。
マルチーズやシーズーなど。

3

おりこう犬になるしつけの方法

〜基本となる3つのトレーニング〜

いたずらラッキーは「こまったちゃん」

カオルのお家《うち》に来《き》て1週間《しゅうかん》。ラッキーは、だんだんいたずらになってきました。今日《きょう》もパパのスリッパを引《ひ》っ張《ぱ》りだして、おおあばれ！ このままじゃ、ラッキーにお家《うち》の中《なか》がメチャメチャにされちゃうってママがおこっているし……。どうしよう?!

犬に尊敬されるリーダーになろう

犬《いぬ》は群《む》れで暮《く》らしていました。群《む》れの中《なか》のリーダーに従《したが》う習性《しゅうせい》があるので、人間《にんげん》が犬《いぬ》に信頼《しんらい》されるリーダーになることが大切《たいせつ》です。

犬の祖先は群れで暮らすオオカミ

犬《いぬ》は祖先《そせん》であるオオカミの時代《じだい》から、群《む》れ（集団《しゅうだん》）で生活《せいかつ》してきました。きびしい自然《しぜん》の中《なか》で生《い》きていくには、みんなで力《ちから》をあわせて狩《かり》をしたり、敵《てき》から身《み》を守《まも》る必要《ひつよう》があったからです。

ペットとして人間《にんげん》と暮《く》らすようになっても、この習性《しゅうせい》は強《つよ》く残《のこ》っています。だから犬《いぬ》は飼《か》い主一《ぬしいっ》家《か》が自分《じぶん》の仲間《なかま》だと思《おも》って、なついてくれるのです。

そして群《む》れには、リーダーが必《ひつ》要《よう》です。リーダーがいなければ争《あらそ》いが起《お》こり、仲《なか》よく暮《く》らしていけません。犬《いぬ》は自分《じぶん》より力《ちから》があると認《みと》めたリーダーのいうことはよく聞《き》きます。しかし相手《あいて》が弱《よわ》いと、自分《じぶん》がリーダーになろうとします。

リーダーを頂点《ちょうてん》として、上下《じょうげ》のたて型《がた》の順位《じゅんい》に並《なら》ぶ階級制度《かいきゅうせいど》があるのが、犬《いぬ》の社会《しゃかい》の特徴《とくちょう》です。これは犬《いぬ》が人間《にんげん》と暮《く》らしても、けっして変《か》わることがありません。

野性《やせい》のオオカミはチームプレイで獲物《えもの》を追《お》い、捕《と》らえる。

人間との順位づけをしっかり教えよう

お父《とう》さんのいうことはよく聞《き》くのに、お母《かあ》さんや子供《こども》たちのいうことは全然《ぜんぜん》聞《き》かない……。こんな犬《いぬ》は、お父《とう》さんのことはリーダーとして認《みと》めていますが、ほかの家族《かぞく》は自分《じぶん》より下《した》だと思《おも》っています。

これではしつけがうまくいかず、お父《とう》さん以外《いがい》の人《ひと》が無理《むり》にいうことを聞《き》かせようとすると、かみついたりすることもあるのです。

犬《いぬ》を家族《かぞく》の一員《いちいん》に迎《むか》えるときには、犬《いぬ》を必《かなら》ず家族《かぞく》の中《なか》でいちばん下《した》の順位《じゅんい》に置《お》くのがポイントです。たとえ生《う》まれたばかりの赤《あか》ちゃんがいても、犬《いぬ》の順位《じゅんい》はその子《こ》よりも下《した》。家族《かぞく》の中《なか》の末《すえ》っ子《こ》なんだとわからせてあげましょう。

たとえ犬《いぬ》よりも体《からだ》が小《ちい》さい妹《いもうと》や弟《おとうと》でも、家族《かぞく》みんながその子《こ》を大切《たいせつ》にしているところを見《み》せれば、犬《いぬ》は自分《じぶん》より上《うえ》の位置《いち》にいるとわかるようになるよ。

頼れるリーダーがいると犬は幸せに暮らせる

「犬《いぬ》が下《した》の順位《じゅんい》なんてかわいそう」と思《おも》う人《ひと》もいるかもしれません。しかし犬《いぬ》が「人間《にんげん》より自分《じぶん》のほうがえらいんだ」と思《おも》いこんだら、どうなるでしょう？

犬《いぬ》は人間《にんげん》のいうことを聞《き》かなくなるのです。そしてまわりの人《ひと》たちにもめいわくをかけて、誰《だれ》からもかわいがられない犬《いぬ》になってしまいます。

自分《じぶん》がリーダーだと思《おも》いこんでしまった犬《いぬ》は、ストレスを感《かん》じてしまいます。人間《にんげん》をリーダーだと思《おも》って生活《せいかつ》するのが、犬《いぬ》にとってもいちばん幸《しあわ》せなことなのです。

わがまま犬にさせないためには

犬《いぬ》は群《む》れの中《なか》での順位《じゅんい》づけをするために、いろいろな行動《こうどう》をします。これを見過《みす》ごしていると、わがまま犬《いぬ》になってしまいます。

子犬のときから順位づけは始まる

子犬《こいぬ》たちを見《み》ていると、よくじゃれ合《あ》って遊《あそ》んでいます。しかしこれは、ただ遊《あそ》んでいるだけではありません。じゃれ合《あ》いながら、相手《あいて》が自分《じぶん》より強《つよ》いか弱《よわ》いかを知《し》ろうとしているのです。犬《いぬ》は生《う》まれてすぐから、仲間《なかま》の中《なか》での順位《じゅんい》づけを始《はじ》めています。

お家《うち》に来《き》たばかりの子犬《こいぬ》でも、少《すこ》しなれてくると飼《か》い主《ぬし》の手《て》に、じゃれてかみついてくることがあります。これは「あまがみ」と呼《よ》ばれる子犬《こいぬ》がよくする行動《こうどう》です。

しかしこれを「遊《あそ》んでほしくて、ふざけてかみついているんだ。かわいいな」と放《ほう》っておくと、犬《いぬ》は「自分《じぶん》が人間《にんげん》より強《つよ》い」と思《おも》いこんでしまいます。そのうちあまがみではなくなり、本気《ほんき》で人間《にんげん》にかみつくようになってしまうのです。

小《ちい》さな子犬《こいぬ》でもいつも相手《あいて》が自《じ》分《ぶん》より強《つよ》いのか？弱《よわ》いのか？を試《ため》しています。もしあまがみをしてきたら、すぐにやめさせましょう。これにはホールドスチールといっしょにやるマズルコントロール(62ページ）が効果的《こうかてき》です。

こんな行動はすぐにやめさせよう

1歳《さい》ぐらい（早《はや》い犬《いぬ》では7、8ヵ月《かげつ》ごろ）から2歳《さい》ぐらいの犬《いぬ》は、自分《じぶん》がリーダーになろうとする気持《きも》ちが特《とく》に強《つよ》くなります。

この時期《じき》に犬《いぬ》をあまやかしていると、犬《いぬ》は飼《か》い主《ぬし》や家族《かぞく》を自分《じぶん》より下《した》の立場《たちば》だと思《おも》うようになります。そして飼《か》い主《ぬし》にとびついたり、しがみついて腰《こし》をふったり、じゃれて手足《てあし》をかんだり、やりたい放《ほう》題《だい》するようになります。

こんな行動《こうどう》を放《ほう》っておくと、ますます犬《いぬ》のわがままはひどくなります。自分《じぶん》のいうことを飼《か》い主《ぬし》が聞《き》いてくれないと、驚《おどろ》かすようにほえたり、かみついたりするようになることも。

もしとびついたり、じゃれてかんだり、しがみついてきたら、すぐにやめさせましょう。「じゃれてきて、かわいいな」などと放《ほう》っておくと、しつけのしにくいわがまま犬《いぬ》になってしまいますよ。

迷惑な行動は、こうしてやめさせよう

●しがみついて腰《こし》をふる
●とびつく

犬《いぬ》がとびついたり、しがみついてきた瞬間《しゅんかん》に、無言《むごん》で回転《かいてん》し犬《いぬ》を振《ふ》り切《き》り、せなかを向《む》ける。犬《いぬ》が前《まえ》に回《まわ》ってきたら、回《まわ》り込《こ》めなくなるように、犬《いぬ》にせなかを向《む》けたまま壁《かべ》にはりつきます。このとき犬《いぬ》の顔《かお》を見《み》ないで、そ知《し》らぬ顔《かお》をして無視《むし》しておくのがポイント。

●じゃれてかむ

かんできたら子犬《こいぬ》をあお向《む》けにひっくり返《かえ》し、あごを押《おさ》え込《こ》んでマズルコントロール（62ページ参照《さんしょう》）をします。この時《とき》も無言《むごん》で行《おこ》なうことが大切《たいせつ》です。

家族でルールを決めてしつけをしよう

犬《いぬ》をしつけるとき、人《ひと》によっていうことがバラバラだと犬《いぬ》はとまどってしまいます。家族《かぞく》でルールを決《き》めて、それを必《かなら》ず守《まも》りましょう。

しつけを始める時期は早ければ早いほどいい

かわいい子犬《こいぬ》が家《いえ》に来《く》ると、つい家族《かぞく》みんなでかまってしまうもの。食事《しょくじ》の時《とき》も「犬《いぬ》に先《さき》にあげよう」なんてことになりがちです。でも、これでは最初《さいしょ》から犬《いぬ》をあまやかし、人間《にんげん》より立場《たちば》が上《うえ》だと思《おも》いこませることになります。

子犬《こいぬ》をかわいがるのはいいことですが、犬《いぬ》のごきげんをうかがうような態度《たいど》はよくありません。できるだけ早《はや》い時期《じき》から、正《ただ》しいしつけをしていくことが大切《たいせつ》です。子犬《こいぬ》が家《いえ》にやってきて、少《すこ》しお家《うち》になれてきたら、ホールドスチール（62ページ参照《さんしょう》）、タッチング（65ページ参照《さんしょう》）などのしつけを始《はじ》めてみましょう。

家族全員でしつけのルールを守ろう

家族《かぞく》で犬《いぬ》のしつけをするとき、人《ひと》によっていうことや態度《たいど》がちがうと、犬《いぬ》はとまどってしまいます。いったんしつけのルールを決《き》めたら、家族《かぞく》みんながそれを守《まも》って犬《いぬ》に接《せっ》してあげることが大切《たいせつ》です。

たとえばお父《とう》さんは許《ゆる》してくれないのに、お母《かあ》さんはソファの上《うえ》に上《あ》がってもおこらない。こんなふうだと、犬《いぬ》は「お母《かあ》さんはボクより立場《たちば》が下《した》だから、おこらないんだ」と勝手《かって》に思《おも》ってしまいます。

また犬《いぬ》の名前《なまえ》の呼《よ》び方《かた》も、バラバラにあだ名《な》をつけて呼《よ》んだりしていると、犬《いぬ》はわからなくなってしまいます。家族全員《かぞくぜんいん》が同《おな》じ呼《よ》び方《かた》で呼《よ》ぶようにしましょう。

家族みんなで決めた ラッキーへの接し方のルール

いつも同《おな》じ態度《たいど》で接《せつ》してあげないと、ラッキーもどうしていいかわからなくなるよ。

1 わがままな要求《ようきゅう》は無視《むし》する

「早《はや》く散歩《さんぽ》に連《つ》れてってよ」「おやつ、ちょうだい！」などとワンワンほえて犬《いぬ》がさわぐときは、ごきげんをとらずに無視《むし》。ほえても、いうことを聞《き》いてもらえないとわからせましょう。

2 何《なん》でも犬《いぬ》より家族《かぞく》を先《さき》に

家族《かぞく》のごはんが終《お》わってから、犬《いぬ》にエサをあげる。散歩《さんぽ》に行《い》くときは、まず人《ひと》が玄関《げんかん》を出《だ》て、犬《いぬ》は後《あと》から出《だ》る。歩《ある》くときも人《ひと》が前《まえ》を歩《ある》くようにします。

3 居心地《いごこち》のいい場所《ばしょ》は、リーダーの居場所《いばしょ》

ろうかなどのじゃまになる場所《ばしょ》に犬《いぬ》がいたら、人《ひと》がよけるのではなく、犬《いぬ》をどかせること。ソファやベッドは人間《にんげん》の家族用《かぞくよう》。上《うえ》にのせないと決《ぎ》めたら、ぜったいのせないようようにしましょう。犬《いぬ》は床《ゆか》の上《うえ》でいいのです。

4 ネコなで声《ごえ》やおおげさなほめ方《かた》はしない

おおげさにほめたり、かん高《だか》い声《こえ》で話《はな》しかけられると、犬《いぬ》は自分《じぶん》より下《した》の者《もの》がじゃれているように感《かん》じてしまいます。犬《いぬ》に接《せつ》するときは、ゆったりと落《お》ち着《つ》いた声《こえ》と態度《たいど》で。

しつけのコツはほめる、無視する

犬《いぬ》のしつけを成功《せいこう》させるコツは、上手《じょうず》にできたらほめてあげること。反対《はんたい》に、悪《わる》いことをしたらきっぱり無視《むし》するのが効果的《こうかてき》です。

上手にできたらほめてあげよう

犬《いぬ》にとって、飼《か》い主《ぬし》にほめられるのは、とてもうれしいことです。特《とく》になでてほめられるのは、大好《だいす》き。しつけがうまくいったら「よしよし」「よくできたね」などの言葉《ことば》をかけながら、なでてあげましょう。

頭《あたま》の後《うし》ろ側《がわ》から背中《せなか》にかけて、または首《くび》から胸《むね》にかけてをなでてあげると、特《とく》に喜《よろこ》びます。そうしていると、そのうち「よしよし」の言葉《ことば》を聞《き》くだけで、犬《いぬ》はなでてもらっているときと同《おな》じような心《ここ》地《ち》よさを感《かん》じるようになります。

人間《にんげん》がいったことを犬《いぬ》がうまくできたら、そのたびごとにほめてあげます。犬《いぬ》は何《なに》をすればほめられるのかを覚《おぼ》えて、次《つぎ》にも同《おな》じことができるようになるのです。

ほめるときはこんなふうになでてあげよう

悪いことをしたら無視するのがいちばん

犬《いぬ》が悪《わる》いことをしたり、わがままな態度《たいど》をとったら、きっぱりした態度《たいど》で無視《むし》することがいちばんです。無視《むし》するなんて、犬《いぬ》がかわいそうだと思《おも》うかもしれません。しかし、しつけをしないことのほうが、もっと犬《いぬ》にとってかわいそうなことなのです。

無視《むし》されると、犬《いぬ》は自分《じぶん》がそのグループの中《なか》でリーダーではないと気《き》がつきます。そして強《つよ》い態度《たいど》で自分《じぶん》を無視《むし》した飼《か》い主《ぬし》のことをリーダーだと認《みと》め、素直《すなお》にいうことを聞《き》くようになります。

悪《わる》いことをしたときは、まずは目《め》を合《あ》わせたり、声《こえ》をかけたりしないこと。また飼《か》い主《ぬし》が部屋《へや》を出《で》て犬《いぬ》を無視《むし》するのも、反省《はんせい》させるのに効果《こうか》があります。このときも犬《いぬ》を見《み》ない、言葉《ことば》をかけないのがポイントです。

犬を反省させる方法

1 飼《か》い主《しゅ》は部屋《へや》を出《で》て、犬《いぬ》を無視《むし》する

2 もし、犬《いぬ》が先《さき》に立《た》って行《い》こうとしたら、

3 飼《か》い主《ぬし》は方向《ほうこう》を変《か》えて、他《ほか》の部屋《へや》に行《い》くようにします。

藤井先生のワン！ポイントアドバイス

犬《いぬ》をしかるときに、たたいたり、大声《おおごえ》でどなったりしても効果《こうか》はありません。むしろ人間《にんげん》のいうことを聞《き》かなくなってしまいます。

おりこう犬にする 3つのしつけ方法

この3つのしつけをすれば、あなたの犬《いぬ》も人《にん》間《げん》と仲《なか》よく暮《く》らせる、おりこう犬《いぬ》になれます。なるべく早《はや》くから始《はじ》めるのがポイントです。

人間をリーダーだとわからせるのが目的

しつけの目的《もくてき》は、犬《いぬ》が喜《よろこ》んで人《にん》間《げん》のいうことを聞《き》くようになること。つまり人間《にんげん》のことを頼《たよ》りになるリーダーだとわからせてあげることです。ではどんなしつけの方《ほう》法《ほう》が効果的《こうかてき》なのでしょうか？

子犬《こいぬ》が新《あたら》しいお家《うち》になれてきたら、まずは「ホールドスチール＆マズルコントロール」や「タッチング」をしましょう。これは飼《か》い主《ぬし》を信頼《しんらい》して、体《からだ》を自由《じゆう》にさわらせるようにするしつけです。

そしてリードをつけて散歩《さんぽ》に出《で》られるようになる3、4ヵ月《げつ》ぐらいに「リーダーウォーク」を始《はじ》めましょう。これは犬《いぬ》が勝手《かって》に歩《ある》きまわらずに、飼《か》い主《ぬし》に従《したが》って歩《ある》けるようにするしつけ。散歩《さんぽ》をするうえで欠《か》かせないしつけです。

「飼《か》い主《ぬし》にさからって歩《ある》くことはできない」とわかると、犬《いぬ》は飼《か》い主《ぬし》がリーダーだと認《みと》めるようになり、人間《にんげん》のいうことをよく聞《き》く「おりこう犬《いぬ》」になります。

お父さんやお母さんにまずはやってもらおう

犬《いぬ》のしつけは、家族全員《かぞくぜんいん》ができるようになることが大切《たいせつ》です。しかし、体《からだ》が小《ちい》さく、力《ちから》もあまり強《つよ》くない子供《こども》だけで最初《さいしょ》からしつけをするのは、むずかしいことです。いくら子犬《こいぬ》とはいっても、かまれたり飛《と》びつかれたりすれば、ケガをするおそれもあります。

まずはお父《とう》さんやお母《かあ》さんにしっかりしつけをしてもらいましょ

犬のしつけは家族全員ができるようになろう

1 まずはお父《とう》さんかお母《はは》さんがしつけをする。

2 できるようになったら、子供《こども》もやってみる。ただし最《さい》初《しょ》はお父《とう》さんやお母《かあ》さんについていてもらおう。

3 ちゃんとできるようになったら、子《こ》供《ども》だけでやっても平気《へいき》。家族全員《かぞくぜんいん》ができるようになるまで、しつけを続《つづ》けよう。

う。犬《いぬ》は家族《かぞく》を順位《じゅんい》づけするときに、体《からだ》も大《おお》きく、子供《こども》たちから頼りにされているお父《とう》さんやお母《かあ》さんをナンバー1、ナンバー2だと認《みと》めます。だから最初《さいしょ》はおとながしつけるほうがうまくいくのです。

そしてお父《とう》さんやお母《かあ》さんができるようになったら、子供《こども》もやってみましょう。このとき最初《さいしょ》は必《かなら》ずおとなに近《ちか》くにいてもらいましょう。そして完全《かんぜん》に犬《いぬ》をしつけられたら、子供《こども》だけでしてもだいじょうぶでしょう。

家族全員《かぞくぜんいん》ができるようになるまで時間《じかん》をかけて、繰《く》り返《かえ》ししつけをするように心《こころ》がけてください。

おとなになった犬をしつけるには？

おとなになった犬《いぬ》を飼《か》い始《はじ》めてしつけをする場合《ばあい》には、「リーダーウォーク」から始《はじ》めます。なぜなら「ホールドスチール」や「タッチング」といった体《からだ》をさわるしつけは、犬《いぬ》がひどく嫌《いや》がり、あばれたり人間《にんげん》にかみついたりする危《き》険《けん》があるからです。

「リーダーウォーク」が上手《じょうず》にできるようになれば、体《からだ》をさわるしつけもいやがらなくなります。「ホールドスチール」や「タッチング」も少《すこ》しずつしてみましょう。

犬と人間の信頼を深めるためのしつけ

ホールドスチール＆マズルコントロール

●しつけを始《はじ》める時期《じき》●

なるべく早《はや》く。犬《いぬ》が家《いえ》に来《き》て、なれてきたらすぐに始《はじ》めます。生後《せいご》3ヵ月《げつ》ぐらいまでに行《おこ》なえば、犬《いぬ》もあまり抵抗《ていこう》しないので、しつけやすいです。

●しつけの目的《もくてき》と効果《こうか》●

犬《いぬ》が安心《あんしん》して、いやがらずに、飼《か》い主《ぬし》にさわられるようにするための大切《たいせつ》なしつけです。このしつけをすれば、飼《か》い主《ぬし》のいうことをよく聞《き》く犬《いぬ》になります。

しつけの手順

犬《いぬ》は後《うし》ろから近《ちか》よられることをきらうよ。じっと座《すわ》っていられないこともあるけれど、そんなときはあせらずに最初《さいしょ》からやり直《なお》そう。

1

犬《いぬ》の後《うし》ろに立《た》って、まずは犬《いぬ》を座《すわ》らせます。おとなしくおすわりできたら、犬《いぬ》をはさむようにひざをついて座《すわ》り、両手《りょうて》を前《まえ》に回《まわ》します。

2

犬《いぬ》の顔《かお》や体《からだ》をゆっくりさわります。おとなしくさわらせたら、ほめながらなでてあげましょう。

3

後《うし》ろから犬《いぬ》をだきかかえます。犬《いぬ》がいやがってジタバタしたら、静《しず》かになるまでだまってギュッとだきしめます。

犬《いぬ》がだかれるのをいやがってあばれるとき、首《くび》を押《お》さえようとすると、よけいに抵抗《ていこう》するので逆効果《ぎゃくこうか》だよ。

4

片手《かたて》で犬《いぬ》の胸《むね》を押《お》さえ、もう一方《いっぽう》の手《て》で下《した》から犬《いぬ》の口《くち》を持《も》ちます。

口先《くちさき》（英語《えいご》でマズルと言《い》います）をさわられることを、犬《いぬ》はきらいます。でも、きらいな部分《ぶぶん》でも平気《へいき》で人《ひと》にさわらせるのが、このしつけのポイントだよ。いやがってもやめないで、落《お》ち着《つ》いてもう一度《いちど》やってみよう！

5

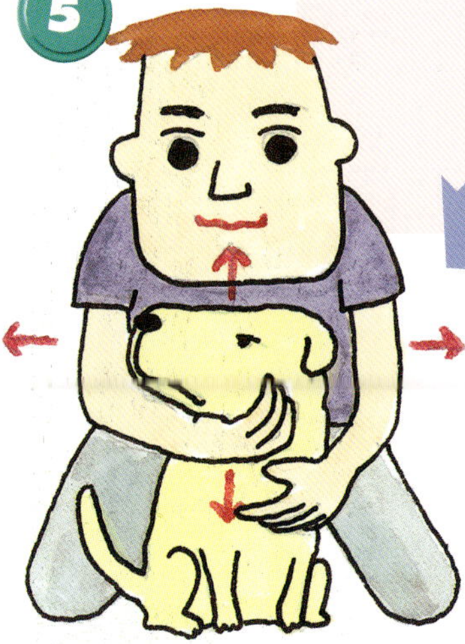

口《くち》を持《も》ったまま、ゆっくりと犬《いぬ》の顔《かお》を左右《さゆう》、上下《じょうげ》に自由自在《じゆうじざい》に動《うご》かします。

6

口《くち》を開《あ》けさせて、指《ゆび》でさらっと口《くち》の中《なか》をさわります。

7

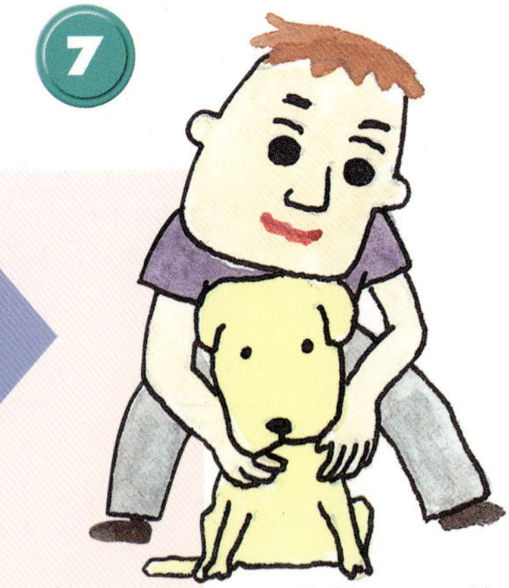

最後《さいご》は犬《いぬ》が座《すわ》っている状態《じょうたい》のまま人《ひと》が先《さき》に立《た》って、犬《いぬ》を放《はな》してあげます。このとき、犬《いぬ》が勝手《かって》に先《さき》に立《た》ち上《あ》がらないように注意《ちゅうい》して。

ホールドスチールの応用編

じゃれてかむクセを直す

1

犬《いぬ》の鼻先《はなさき》や口《くち》のまわりをやさしく、少《すこ》しずつさわっていきます。

2

犬《いぬ》が抵抗《ていこう》したり、じゃれて歯《は》を当《あ》てようとしたら、飼《か》い主《ぬし》はすぐに犬《いぬ》の下《した》アゴを胸《むね》もとに押《お》しつけます。声《こえ》を出《だ》さず、無言《むごん》で行《おこ》ないましょう。

藤井先生のワン！ポイントアドバイス

犬《いぬ》がいやがっても、途中《とちゅう》でしつけをやめてはいけません。犬《いぬ》が「抵抗《ていこう》すれば、自由《じゆう》になれる」と思《おも》いこんでしまうからです。

だれからも愛される犬にするためのしつけ
タッチング

●しつけを始《はじ》める時期《じき》●

犬《いぬ》が来《き》たらなるべく早《はや》く。ホールドスチールができるようになってから。ホールドスチールから続《つづ》けて行《おこ》なうといいでしょう。

●しつけの目標《もくひょう》と効果《こうか》●

犬《いぬ》の体《からだ》のどこをさわっても、いやがらないようにするしつけです。このしつけをすると、犬《いぬ》は飼《か》い主《ぬし》を強《つよ》く信頼《しんらい》するようになります。

しつけの手順

1

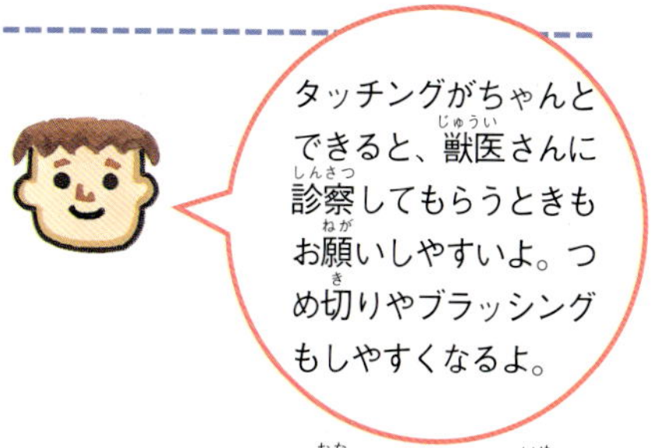
タッチングがちゃんとできると、獣医《じゅうい》さんに診察《しんさつ》してもらうときもお願《ねが》いしやすいよ。つめ切《き》りやブラッシングもしやすくなるよ。

ホールドスチールと同《おな》じように、犬《いぬ》を人《ひと》の前《まえ》に座《すわ》らせ、前足《まえあし》を持《も》ってフセの状態《じょうたい》にします。

起《お》き上《あ》がりそうになったら、犬《いぬ》をなでて落《お》ち着《つ》かせてみよう。それでもいやがるようなら、無言《むごん》でおおいかぶさろう。

2

フセをした犬《いぬ》の腰《こし》を軽《かる》く押《お》して、横《よこ》向《む》きに寝《ね》かせます。勝手《かって》に起《お》き上《あ》がろうとしても、犬《いぬ》の体《からだ》をおさえ、寝《ね》かせ続《つづ》けます。

タッチング

耳《みみ》をやさしくさわります。体《からだ》のはじの部分《ぶぶん》はさわられるのをきらいますが、ゆっくりさわってみましょう。

次《つぎ》に前足《まえあし》、後《うし》ろ足《あし》の順《じゅん》に、ゆっくりやさしくなでるようにさわっていきます。

しっぽはつけ根《ね》から、先《さき》に向《む》かって静《しず》かになでます。

あおむけにして、お腹《なか》やまたの部分《ぶぶん》もさわります。お腹《なか》を見《み》せるのは、犬《いぬ》が飼《か》い主《ぬし》を信頼《しんらい》している証拠《しょうこ》。やさしくなでてあげましょう。

犬《いぬ》がいやがる場合《ばあい》には、手《て》ににぎったエサをなめさせたり、食《た》べさせながらやってみよう。

少《すこ》しずつ体《からだ》を自由《じゆう》にしていきます。まずはあおむけから起《お》こして、フセの状態《じょうたい》にします。

犬《いぬ》を座《すわ》らせて、足《あし》の間《あいだ》にはさんだホールドスチールの状態《じょうたい》に。

おとなしくいい子《こ》にできたら、「よしよし」ってほめてあげようね！

犬《いぬ》を座《すわ》らせたまま、人《ひと》が先《さき》に立《た》って犬《いぬ》を放《はな》します。このとき、犬《いぬ》が勝手《かって》に人間《にんげん》からはなれていかないように注意《ちゅうい》してください。

藤井先生の
ワン！ポイントアドバイス

タッチングは、犬《いぬ》が力《ちから》を抜《ぬ》いてリラックスできるようにするのが理想的《りそうてき》です。30分以上《ぶんいじょう》かけて、落《お》ち着《つ》いた気持《きも》ちで行《おこな》いましょう。

人間に喜んで従う犬にするためのしつけ
リーダーウォーク

●しつけを始《はじ》める時期《じき》●

子犬《こいぬ》のときから、人間《にんげん》について歩《ある》く練習《れんしゅう》をさせておきましょう。首《くび》輪《わ》とリードをつけて散歩《さんぽ》に出《で》るようになるころには、リーダーウォークを始《はじ》めましょう。

●しつけの目標《もくひょう》と効果《こうか》●

「飼《か》い主《ぬし》にさからったり、引《ひ》っ張《ぱ》って歩《ある》くことはできない」と犬《いぬ》に覚《おぼ》えさせます。人《ひと》に従《したが》って歩《ある》けるようになれば、自然《しぜん》と飼《か》い主《ぬし》をリーダーだと認《みと》めるようになります。

リーダーウォークを始める前にしておきたいしつけ

飼い主の後について歩く練習

2～4ヵ月《げつ》までの子犬《こいぬ》は、リードをつけないで歩《ある》いていても「置《お》いていかれたら大変《たいへん》だ！」と、リーダーである飼《か》い主《ぬし》を追《お》ってきます。この時期《じき》に部屋《へや》の中《なか》や庭《にわ》などで、飼《か》い主《ぬし》について歩《ある》かせる練《れん》習《しゅう》をしましょう。

ついてこないようなら犬《いぬ》の興味《きょうみ》をひくように声《こえ》をかけたりして、後《あと》を追《お》わせます。そしてちゃんとついてきたら、すぐにほめてあげましょう。

首輪《くびわ》にならすため、部屋《へや》で遊《あそ》んでいるときに、リードのかわりに毛糸《けいと》などをつけて引《ひ》きずらせておくのもおすすめです。

首輪《くびわ》やリードをいやがらない犬《いぬ》にするために、子犬《こいぬ》の首《くび》にやわらかい毛糸《けいと》などをつけて遊《あそ》ばせてみよう。

2～4ヵ月《げつ》の子犬《こいぬ》のうちは、飼《か》い主《ぬし》の後《あと》をついてくる練《れん》習《しゅう》をさせてみよう。ちゃんとついてきたら、「よしよし」と声《こえ》をかけながら、なでてほめてあげるのを忘《わす》れずに。

首輪とリードのつけ方

まずは首輪《くびわ》とリードをつける練習《れんしゅう》をしましょう。首輪《くびわ》はつけっぱなしにせず、出《で》かけるたびにつけてあげるようにします。

1

まず「スワレ」をさせて、犬《いぬ》を落《お》ち着《つ》かせます。

2

顔《かお》や耳《みみ》をやさしくさわりながら、首《くび》輪《わ》を頭《あたま》に通《とお》してつけます。

3

おとなしくできたら、耳《みみ》の後《うし》ろやのどをなでてほめてあげましょう。

リードの持ち方

犬《いぬ》が自由《じゆう》に動《うご》けないことを意識《いしき》しないように、リードはたるませて持《も》ちましょう。

リードは絶対《ぜったい》に張《は》らないように保《たも》ちます。リードが張《は》ると、犬《いぬ》はよけいに引《ひ》こうとします。

しつけの手順

散歩《さんぽ》を安全《あんぜん》にマナーよく楽《たの》しむためにも、リーダーウォークは必要《ひつよう》なしつけなんだよ。

1

リードをゆるめに持《も》ち、犬《いぬ》を自分《じぶん》の左側《ひだりがわ》につけて歩《ある》きます。犬《いぬ》を見《み》ないで、前《まえ》を見《み》て歩《ある》きましょう。

リーダーウォークをするときは、犬《いぬ》を見《み》たり「ほらこっち」などと話《はな》しかけたりしないで。犬《いぬ》と対決《たいけつ》しないように、向《む》き合《あ》わないことも大事《だいじ》。

2

犬《いぬ》が行《い》こうとする方向《ほうこう》にさからって歩《ある》きます。犬《いぬ》にかまわずに、ときどき急《きゅう》に方向《ほうこう》を変《か》えてみましょう。このとき犬《いぬ》にぶつかっても無視《むし》したまま、声《こえ》をかけずに歩《ある》きましょう。

3

リードが張《は》ってしまったときは、一瞬《いっしゅん》リードをゆるめてからギュッと強《つよ》く引《ひ》いて方向《ほうこう》を変《か》えます。犬《いぬ》とリードを引《ひ》っ張《ぱ》り合《あ》ったり、向《む》かい合《あ》わないように注意《ちゅうい》しましょう。

4

犬《いぬ》が人《ひと》の動《うご》きに注目《ちゅうもく》するようになるまで、何度《なんど》も方向《ほうこう》を変《か》えながら、くり返《かえ》し歩《ある》きます。 人間《にんげん》が止《と》まったら、犬《いぬ》も立《た》ち止《ど》まるようになれば、まずは成功《せいこう》！

5

リードを引《ひ》いて犬《いぬ》をコントロールするときは、力《ちから》まかせに引《ひ》きつけるのではなく、しゃくるように引《ひ》くのがポイントだよ。

6

人《ひと》が立《た》ち止《ど》まり、犬《いぬ》も止《と》まったら、リードを上《うえ》にクイッと引《ひ》いて、犬《いぬ》を座《すわ》らせます。犬《いぬ》が座《すわ》ったら、ここではじめて「よくできたね」と声《こえ》をかけて、なでてほめてあげましょう。

くり返《かえ》しやっているうちに、普通《ふつう》に歩《ある》いているだけでも、自然《しぜん》と人《ひと》の横《よこ》について歩《ある》くようになります。人《ひと》が止《と》まると、犬《いぬ》も止《と》まって座《すわ》るようになればカンペキ。

こんなときはこうしよう

犬が前に出てしまうときは

人《ひと》よりも前《まえ》に行《い》こうとしたら、急《きゅう》に左《ひだり》に曲《ま》がってわざと犬《いぬ》とぶつかるように歩《ある》きましょう。こうすると、犬《いぬ》が飼《か》い主《ぬし》の動《うご》きを注意《ちゅうい》するようになるので、前《まえ》に出《で》なくなります。

犬が遅れてしまうときは

散歩《さんぽ》のとき、犬《いぬ》は前《まえ》に引《ひ》っ張《ば》ろうとすることが多《おお》いのですが、中《なか》にはついてくるのが遅《おそ》い犬《いぬ》もいます。そんな場合《ばあい》は、犬《いぬ》が遅《おく》れてきたら飼《か》い主《ぬし》は右方向《みぎほうこう》へ曲《ま》がるようにします。右《みぎ》へまわると、ついていかないと引《ひ》っぱられてしまうので、遅《おく》れないでついてくるようになります。

知って得する
ワンワン
情報

短い、長い、巻いている……
いろいろな形の
シッポに注目!

犬《いぬ》のシッポにはいろいろなタイプがあります。しかしどんなシッポにも共通《きょうつう》しているのは、犬《いぬ》の感情《かんじょう》を表《あら》わすこと。うれしいときにはちぎれんばかりに振《ふ》り、不安《ふあん》なときには力《ちから》なく垂《た》らします。

リング・テール

根元《ねもと》から高《たか》く上《あ》がり、きれいにアーチ型《がた》を描《えが》く尾《お》。アフガン・ハウンドなど。

オッター・テール

オッターとはカワウソのこと。根元《ねもと》が太《ふと》く、内側《うちがわ》の毛《け》が豊《ゆた》か。ラブラドール・レトリーバーなど。

スクリュウ・テール

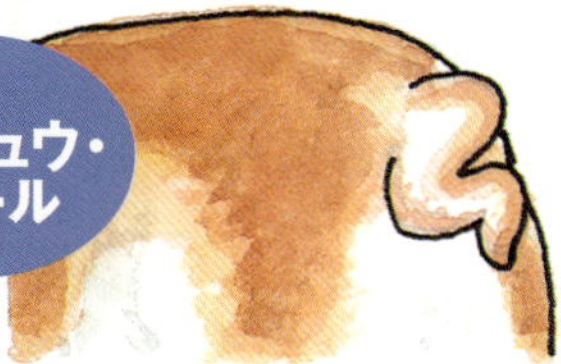

短《みじか》い尾《お》で、ワインのせん抜《ぬ》きのような形《かたち》をしている。ブルドッグなど。

シックル・テール

シックルとは鎌《かま》のこと。根元《ねもと》から高《たか》く上《あ》がり、途中《とちゅう》から鎌《かま》のような形《かたち》に曲《ま》がっている。柴犬《しばいぬ》、紀州犬《きしゅうけん》など。

プルーム・テール

羽状《はねじょう》の飾《かざ》り毛《げ》が長《なが》く垂《た》れ下《さ》がった尾《お》のこと。イングリッシュ・セッターなど。

スクワーラル・テール

スクワーラルとはリスのこと。クルンと後《うし》ろから前《まえ》のほうに曲《ま》がった尾《お》。パピヨンなど。

4

犬と仲よく暮らすコツ

～食事、散歩、ボディケア～

ラッキーと過ごす一日

①
朝6時
ラッキーは家族のだれよりも早起き
②
朝8時
みんなが会社や学校へ行くのを見送っくれます
③
午前中
おひるねタイム
早起きしたから眠たいようです
④
午後3時
ハウスを出てへやの中であそびます
⑤
午後6時
大好きな お散歩タイム
今日は どんな お友だちに会えるかな？

新《あたら》しいお家《うち》にもなれてきて、家族《かぞく》のみんなとも仲《なか》よしになってきたラッキー。では、ラッキーはどんな１日《にち》を過《す》ごしているのかな？ここではラッキーの朝起《あさお》きてから夜眠《よるねむ》るまでの生活《せいかつ》をのぞいてみましょう。

⑥ 散歩のあとは 体をブラッシングしてもらいます
⑦ 午後7時
家族の食事がはじまったら ラッキーも食事タイム
⑧ 夜
ラッキーは じっと外をみて お父さんの帰りをまっています
うとうと
…
⑨ 午後11時
ワーイ！ お父さんが帰ってきました
⑩ みんなそろって ラッキーは安心して眠りました おやすみなさい またあした‥‥
ラッキーは こんな１日を すごしているんだね では それぞれの場面で どんな注意が必要なのかな？ これから くわしく説明しよう！

犬のごはんには ドッグフードがいちばん

栄養《えいよう》のバランスがとれたドッグフードが犬《いぬ》には最高《さいこう》のごちそう。「毎日同《まいにちおな》じであきない？」と思《おも》うでしょうが、そんなことはないのです。

犬と人間では必要な栄養が違う

犬《いぬ》はもともとは肉《にく》を食《た》べていました。しかし長《なが》い間《あいだ》人間《にんげん》と暮《く》らすうちに、何《なん》でも食《た》べるようになりました。でも人《ひと》と犬《いぬ》では必要《ひつよう》な栄養《えいよう》のバランスがかなり違《ちが》うことが、最近《さいきん》わかってきました。

たとえば犬《いぬ》にとっていちばん大《たい》切《せつ》な栄養素《えいようそ》はタンパク質《しつ》で、人《ひと》の約《やく》4倍《ばい》も必要《ひつよう》です。エネルギーのもとになる脂肪《しぼう》も2～3倍《ばい》、骨《ほね》の成長《せいちょう》に欠《か》かせないカルシウムも10倍《ばい》はとらなくてはいけません。

ドッグフードは、これらの犬《いぬ》に必要《ひつよう》な栄養《えいよう》をたっぷり入《い》れて作《つく》られています。健康《けんこう》のためにも、犬《いぬ》のごはんにはドッグフードをあげるようにしましょう。

毎日あげるエサはドライタイプでOK

ドッグフードにはかたいドライタイプのほかに、缶詰《かんづめ》になっている生《なま》タイプや、半生《はんなま》タイプがあります。でもいろいろな種類《しゅるい》のエサをあげなくてもかまいません。

ドライタイプは栄養《えいよう》のバランスがいちばんよく、かたさがあるので、歯《は》やアゴを強《つよ》くしてくれます。毎日《まいにち》の食事《しょくじ》はドライタイプにして、缶詰《かんづめ》のドッグフードは、ときどきドライフードにかけてあげるぐらいにしましょう。

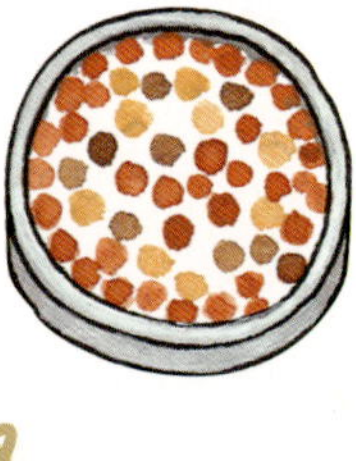

エサはせとものかステンレス製《せい》、プラスチック製《せい》の、安定性《あんていせい》のある清潔《せいけつ》な食器《しょっき》に入《い》れよう。

子犬のエサは1日に3～4回に分けて与える

食事《しょくじ》の回数《かいすう》は、1歳《さい》を過《す》ぎた成犬《せいけん》は基本的《きほんてき》に1日《にち》1食《しょく》です。必要《ひつよう》があれば2回《かい》あげます。子犬《こいぬ》は一《いち》度《ど》にたくさん食《た》べられないので、1日《にち》に3～4回《かい》に分《わ》けてあげます。

エサの種類《しゅるい》も、犬《いぬ》の成長《せいちょう》や年齢《ねんれい》に合《あ》わせたものをあげましょう。最近《さいきん》では幼犬用《ようけんよう》、成犬用《せいけんよう》、老犬《ろうけん》（シニア）用《よう》など、さまざまなドッグフードが出《だ》ています。

エサの種類《しゅるい》をかえるときは、犬《いぬ》の食欲《しょくよく》やウンチの状態《じょうたい》を見《み》ながら、少《すこ》しずつならしていきます。いきなりエサをかえると、食《た》べなくなってしまうこともあるのです。

犬《いぬ》の年齢《ねんれい》	エサの回数《かいすう》	どんなエサがいい？
～3ヵ月《げつ》（子犬期《こいぬき》）	1日に3～4回	かたいと食《た》べづらいので、子犬用《こいぬよう》ドライフードにぬるま湯《ゆ》か温《あたた》めた犬用《いぬよう》ミルクをかけて、ふやかしてあげる。
3～6ヵ月《げつ》（幼犬期《ようけんき》）	1日に2～3回	おとなの約《やく》2倍《ばい》のカロリーが必要《ひつよう》なので成長期用《せいちょうきよう》のドッグフードをあげる。育《そだ》ちざかりなので、犬《いぬ》が食《た》べたいだけ食《た》べさせてあげよう。
6ヵ月《げつ》～1歳頃《さいごろ》（若犬期《じゃくけんき》）	1日に2回	6ヵ月《げつ》を過《す》ぎたらエサは1日《にち》2～3回《かい》に。1歳《さい》ぐらいでおとなと同《おな》じぐらいの体《からだ》の大《おお》きさになるので、あげる回数《かいすう》を1日《にち》1～2回《かい》に減《へ》らす。
1～6,7歳《さい》（成犬期《せいけんき》）	1日1回（必要があれば2回）	1歳《さい》を過《す》ぎたら成犬用《せいけんよう》ドッグフードに。回数《かいすう》は朝《あさ》か晩《ばん》どちらか1回《かい》。必要《ひつよう》があれば朝晩《あさばん》2回《かい》。食《た》べすぎると太《ふと》ってしまうので注意《ちゅうい》。
6,7歳《さい》～（老犬期《ろうけんき》）	1日1回（必要があれば2回）	タンパク質《しつ》が多《おお》く、カロリーが低《ひく》い老犬用《ろうけんよう》ドッグフードに切《き》りかえる。歯《は》や内臓《ないぞう》が弱《よわ》ってくるので、消化《しょうか》の悪《わる》いものはさける。

藤井先生のワン!ポイントアドバイス

犬《いぬ》はエサをあげると一気《いっき》にガツガツと飲《の》みこむように食《た》べますが、これは犬《いぬ》の習性《しゅうせい》。量《りょう》を多《おお》くしたり、おかわりをあげる必要《ひつよう》はありません。

こんな食べものは犬にはあげないで

人間《にんげん》が平気《へいき》で食《た》べていても、犬《いぬ》が食《た》べると体《からだ》に悪《わる》いものもあります。まちがって食《た》べさせないように注意《ちゅうい》しましょう。

人間の食事は犬の体によくない

かわいい犬《いぬ》には、つい人間《にんげん》のごはんやおやつをあげたくなってしまいます。でも、どんなにおねだりされても、ここはじっとがまんです。犬《いぬ》は飼《か》い主《ぬし》からもらったものは喜《よろこ》んで食《た》べることでしょう。でも、人間《にんげん》の食《た》べ物《もの》は犬《いぬ》にとっては塩《しお》や油《あぶら》が多《おお》くて、太《ふと》りすぎや腎《じん》臓病《ぞうびょう》の原因《げんいん》に。またあまくてこってりしたケーキなどのお菓子《かし》は、太《ふと》りすぎや虫歯《むしば》の原因《げんいん》になります。

ほかにも中毒《ちゅうどく》を起《お》こしやすいネギ類《るい》や、消化《しょうか》の悪《わる》いナッツ類《るい》や貝類《かいるい》、刺激《しげき》の強《つよ》いトウガラシ、ワサビなどは、あげてはいけません。犬《いぬ》の健康《けんこう》を考《かんが》えて、体《からだ》に悪《わる》いものはあげないように気《き》をつけましょう。

ミルクやチーズは犬用のものがおすすめ

牛乳《ぎゅうにゅう》やチーズなどの乳製品《にゅうせいひん》は、犬《いぬ》の健康《けんこう》にいいだろうと思《おも》ってあげる人《ひと》が多《おお》いことでしょう。しかし意外《いがい》なことに、犬《いぬ》が人間用《にんげんよう》の牛乳《ぎゅうにゅう》を飲《の》むと、お腹《なか》をこわすことがあります。できれば犬用《いぬよう》のミルクをあげるようにしましょう。

あげるときは、冷蔵庫《れいぞうこ》から出《だ》したばかりのものはやめましょう。部屋《へや》の温度《おんど》と同《おな》じぐらいになってからあげましょう。犬《いぬ》は冷《つめ》たいものや熱《あつ》いものが苦手《にがて》。冷《つめ》たいものはお腹《なか》をこわす原因《げんいん》になります。

チーズも人間用《にんげんよう》のものは塩分《えんぶん》が濃《こ》いので、犬用《いぬよう》のものを。犬用《いぬよう》のミルクやチーズは、ペットショップで手《て》に入《はい》ります。

犬にあげてはいけない食べもの

タマネギ、長《なが》ネギ

ネギ類《るい》は犬《いぬ》の血《ち》の中《なか》の赤血球《せっけっきゅう》を溶《と》かしてしまう。食《た》べると血《ち》の混《ま》じったオシッコが出《で》たり、貧血《ひんけつ》になることがある。

エビ、カニ、イカ、タコ、貝類《かいるい》

犬《いぬ》は腸《ちょう》が短《みじか》いので、消化《しょうか》の悪《わる》い魚介《ぎょかい》類《るい》などは食《た》べさせないほうがいい。お腹《なか》をこわしたり、吐《は》いたりしてしまう。

香辛料《こうしんりょう》など刺激《しげき》が強《つよ》いもの

トウガラシやワサビ、カレーなどは胃《い》を刺激《しげき》して、内臓《ないぞう》にも負担《ふたん》がかかる。嗅覚《きゅうかく》（においをかぐ能力《のうりょく》）をまひさせてしまうことも。

チョコレート

原料《げんりょう》のカカオ豆《まめ》が原因《げんいん》になって中《ちゅう》毒症状《どくしょうじょう》を起《お》こすことがある。お腹《なか》をこわしたり、吐《は》き気《け》、脱水《だっすい》などの症状《しょうじょう》が起《お》きる。

とり肉《にく》や大《おお》きな魚《さかな》の骨《ほね》

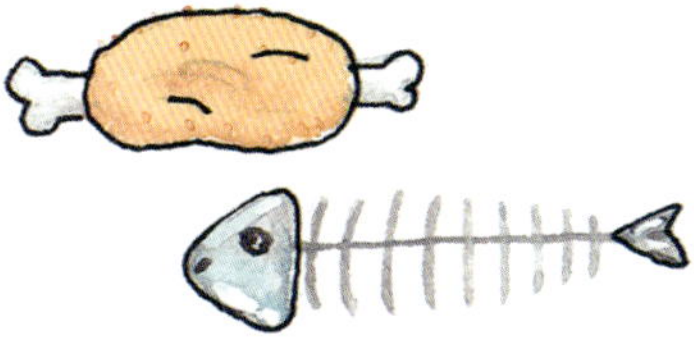

とり肉《にく》や魚《さかな》の骨《ほね》は口《くち》の中《なか》や胃腸《いちょう》などにささる危険《きけん》があるので、気《き》をつけて。

人間《にんげん》のお菓子《かし》など甘《あま》いもの

人間《にんげん》と同《おな》じで、虫歯《むしば》や歯槽《しそう》のうろう、太《ふと》りすぎの原因《げんいん》になる。一度《ど》あげると好《す》きになってしまうので、最初《さいしょ》からあげないようにしよう。

食事のしつけをキチンとしよう

食事《しょくじ》のしつけは、子犬《こいぬ》のころからすることが大事《だいじ》です。食《た》べる前《まえ》に「スワレ」「マテ」「ヨシ」がキチンとできる犬《いぬ》にしつけましょう。

ごはんは人間より先にあげてはダメ

犬《いぬ》の社会《しゃかい》では群《む》れの中《なか》のリーダーが、最初《さいしょ》にエサを食《た》べます。そしてリーダーが食《た》べた後《あと》に、下《した》の位《くらい》の犬《いぬ》はエサを食《た》べられるようになるのです。

ペットの犬《いぬ》にも、まず飼《か》い主《ぬし》が先《さき》にごはんを食《た》べてから、エサをあげるようにしましょう。こうしていると犬《いぬ》は「飼《か》い主《ぬし》は自分《じぶん》よりえらいリーダーなんだ」と自然《しぜん》に思《おも》うようになります。

エサをあげる前《まえ》には「スワレ」「マテ」をさせましょう（102～103ページ参照《さんしょう》）。飼《か》い主《ぬし》が「ヨシ」と許《ゆる》さなければ食《た》べられないことを教《おし》えると、飼《か》い主《ぬし》のいうことを素直《すなお》に聞《き》くようになります。

あげたエサを食べないときは？

ドッグフードを食《た》べないからといって、犬《いぬ》の好《す》きなものばかりあげていると、どんどんわがままになってきます。犬《いぬ》には人間《にんげん》の食《た》べ物《もの》をあげたり、メニューを変《か》えたりしないことが大切《たいせつ》です。

どうしてもドッグフードを食《た》べない場合《ばあい》は、食器《しょっき》を片《かた》づけてしまいます。これを繰《く》り返《かえ》しているうちに、犬《いぬ》はお腹《なか》がすいてきて、出《だ》されたものを食《た》べるようになります。おとなの犬《いぬ》は丸《まる》1日《にち》ぐらい何《なに》も食《た》べなくても平気《へいき》なので、食《た》べるまでようすを見《み》てみましょう。

食事《しょくじ》の途中《とちゅう》でどこかへ行《い》ったりして遊《あそ》び食《ぐ》いする場合《ばあい》も、この方《ほう》法《ほう》をためしてみましょう。

食事タイムにかかせないしつけ～マテ、ヨシ～

1 エサを持《も》って犬《いぬ》の前《まえ》に立《た》ち、「スワレ」という。

2 犬《いぬ》が座《すわ》ったら、エサを犬《いぬ》の前《まえ》に置《お》く。

3 「マテ」といって、数秒待《すうびょうま》たせる。できないときは食器《しょっき》を取《と》り上《あ》げて、「スワレ」からやり直《なお》す。

4 待《ま》っていられたら「ヨシ」といって、食《た》べるのを許《ゆる》してあげる。

なるほどコラム

おやつはごほうびとしてあげよう

人間《にんげん》がおやつを食《た》べていると、犬《いぬ》は「ボクにも食《た》べさせて」といいたそうな表情《ひょうじょう》で近寄《ちかよ》ってきます。でもドッグフードで十分栄養《じゅうぶんえいよう》をとっている犬《いぬ》には、おやつは必要《ひつよう》ありません。あげるとしたら、犬用《いぬよう》のビスケットやビーフジャーキー、チーズ、煮干《にぼし》などがおすすめです。

また、ねだってきたらあげるのではなく、何《なに》かしたことに対《たい》するごほうびとしてあげましょう。「スワレ」「マテ」「ヨシ」「フセ」「コイ」などのトレーニングをして、うまくできたらあげるようにしましょう。

楽しい散歩はルールを守って

散歩《さんぽ》は犬《いぬ》と飼《か》い主《ぬし》がいっしょに出《で》かけられるすてきな時間《じかん》。でも楽《たの》しく散歩《さんぽ》するためには、知《し》っておきたいルールがいくつかあります。

散歩の時間は決めないで

毎日時間《まいにちじかん》を決《き》めて、犬《いぬ》の散歩《さんぽ》をしている人《ひと》は多《おお》いようです。でも、何日《なんにち》か続《つづ》けて同《おな》じ時間《じかん》に散歩《さんぽ》をすると、犬《いぬ》は「これからもずっと同《おな》じ時間《じかん》に外《そと》に行《い》ける」と思《おも》いこみます。「今日《きょう》は忙《いそが》しいから休《やす》もう」と飼《か》い主《ぬし》が思《おも》っても、時間《じかん》がくればそわそわして、そのうちほえてねだり始《はじ》めます。

反対《はんたい》に時間《じかん》を決《き》めないで飼《か》い主《ぬし》の好《す》きなときに散歩《さんぽ》に行《い》ったほうが、犬《いぬ》のストレスにならないのです。毎日同《まいにちおな》じ時間《じかん》に散歩《さんぽ》するのは大変《たいへん》。雨《あめ》が降《ふ》ったり、飼《か》い主《ぬし》が病《びょう》気《き》になることもあります。散歩《さんぽ》は時間《じかん》を決《き》めないで、飼《か》い主《ぬし》の都合《つごう》がいいときに行《い》きましょう。

散歩は長い時間しなくていい

「家《いえ》の中《なか》で飼《か》っている犬《いぬ》は、運動《うんどう》不足《ぶそく》にならないかな？」「体《からだ》が大《おお》きい犬《いぬ》だから、たくさん運動《うんどう》させなくちゃ」などと思《おも》っている人《ひと》は多《おお》いようです。しかし、実《じつ》はそんなことはまったくありません。

毎日長《まいにちなが》い時間散歩《じかんさんぽ》していると、犬《いぬ》はどんどん体力《たいりょく》をつけていきます。そうすると今度《こんど》は、短《みじか》い散歩《さんぽ》ではイヤだと思《おも》うようになります。そして長《なが》く散歩《さんぽ》できないとイライラしてしまいます。運動《うんどう》のしすぎは体全体《からだぜんたい》に負担《ふたん》がかかるので、あまりよくありません。散歩《さんぽ》は長《なが》くする必要《ひつよう》はないので、飼《か》い主《ぬし》のペースで無理《むり》なく続《つづ》けられる時間行《じかんい》けばいいのです。

散歩《さんぽ》のマナーは犬《いぬ》だけの問題《もんだい》じゃないんだ。飼《か》い主《ぬし》がしっかり守《まも》らなくちゃね。

必ず守ろう！散歩の基本ルール

1 飼《か》い主《ぬし》が先《さき》、犬《いぬ》は後《あと》

外《そと》に出《で》るときは、まず「スワレ」「マテ」をさせ、犬《いぬ》が座《すわ》って待《ま》っていたらリードをつける。リードをつけたら、飼《か》い主《ぬし》が必《かなら》ず先《さき》に外《そと》に出《で》よう。

2 歩《ある》くときはリーダーウォークが基本《きほん》

犬《いぬ》はいつも飼《か》い主《しゅ》の左側《ひだりがわ》につけ、犬《いぬ》が先《さき》に出《で》たら向《む》きを変《か》えて違《ちが》う方《ほう》向《こう》へ。リーダーウォークのやり方《かた》をしっかり守《まも》って、散《さん》歩《ぽ》を楽《たの》しもう（68ページ参照《さんしょう》）。

3 時間《じかん》やコースは飼《か》い主《ぬし》が決《き》める

散歩《さんぽ》へ行《い》く時間《じかん》、歩《ある》くコースはすべて飼《か》い主《ぬし》が決《き》めよう。同《おな》じコースを歩《ある》いていると、なわばり意識《いしき》が強《つよ》くなるので、なるべく違《ちが》うコースを歩《ある》くようにしよう。

4 散歩《さんぽ》とトイレタイムはいっしょにしない

ウンチやオシッコはトイレでできるようにしつけよう。散歩《さんぽ》をトイレタイムにすると、散歩《さんぽ》できないときに困《こま》ってしまうよ。

5 ほかの犬《いぬ》とケンカさせないように気《き》をつける

ほかの犬《いぬ》にほえたり近《ちか》づこうとしたら、座《すわ》らせて落《お》ち着《つ》かせる。犬《いぬ》が興奮《こうふん》してやめないときは、声《こえ》をかけたりしないで、リードをしゃくる。声《こえ》を出《だ》してしかると、さらに興《こう》奮《ふん》させてしまうので注意《ちゅうい》。

散歩中のトラブルはこうして解決しよう

楽《たの》しい散歩《さんぽ》も、トラブルが起《お》きてしまうとだいなしになってしまいます。ここではよくある散歩《さんぽ》のトラブル解決法《かいけつほう》を紹介《しょうかい》しましょう。

Q1 電信柱《でんしんばしら》や木《き》の根《ね》っこにオシッコをかけるのを、やめさせたいのですが……。

A 散歩中《さんぽちゅう》に電信柱《でんしんばしら》や木《き》の根《ね》っこなどにオシッコをひっかける行動《こうどう》を「マーキング」といいます。これは犬《いぬ》が「ここはボクのなわばりだ！」と示《しめ》す行動《こうどう》です。これをほうっておくと犬《いぬ》はどんどんわがままになってしまいます。

犬《いぬ》は自由《じゆう》にマーキングをしているうちに「ここは自分《じぶん》のなわばり。ボクがボス犬《いぬ》さ！」と思《おも》いこんでしまうのです。そしていっしょに散歩《さんぽ》している飼《か》い主《ぬし》を「自分《じぶん》のおともだ」と思《おも》うようになり、いうことを聞《き》かなくなってしまうのです。

オシッコをかけようとしたら、リードをギュッと引《ひ》っ張《ぱ》り、飼《か》い主《ぬし》がリーダーであることを気《き》づかせましょう。このとき、犬《いぬ》の顔《かお》は見《み》ないで、無言《むごん》で強《つよ》く引《ひ》っ張《ぱ》るのがポイントです。

Q2 散歩中《さんぽちゅう》に座《すわ》り込《こ》んだり、行《い》きたい方向《ほうこう》へリードを引《ひ》っ張《ぱ》ろうとします。

A 犬《いぬ》がリードを引《ひ》っ張《ぱ》って勝手《かって》に行《い》きたい方《ほう》へ行《い》こうとするのは、とても危険《きけん》。たとえば散歩中《さんぽちゅう》によその犬《いぬ》に出会《であ》ったとき、とびかかりそうになっても、すぐにおさえられません。よその犬《いぬ》や人《ひと》を傷《きず》つけてしまったり、飼《か》い主《ぬし》が犬《いぬ》に引《ひ》きずられて転《ころ》んでケガしたらたいへんです。

勝手《かって》に歩《ある》かせないためには、まずはリーダーウォークがきちんとできるようになること。人間《にんげん》がボスであることを教《おし》えてあげれば、犬《いぬ》は落《お》ち着《つ》いて歩《ある》けるようになります。「リーダーの散歩《さんぽ》に犬《いぬ》をつきあわせているんだ」という気持《きも》ちで、散歩《さんぽ》するようにしましょう。

Q3 散歩中《さんぽちゅう》に拾《ひろ》い食《ぐ》いをして、困《こま》っています。

A 散歩中《さんぽちゅう》においしそうな食《た》べ物《もの》が落《お》ちていれば、犬《いぬ》はすぐに拾《ひろ》って食《た》べたくなってしまいます。これをやめさせるには、飼《か》い主《ぬし》が注意《ちゅうい》することが大切《たいせつ》です。

犬《いぬ》が散歩中《さんぽちゅう》に食《た》べ物《もの》に近《ちか》づこうとしたら、急《きゅう》に反対方向《はんたいほうこう》へ歩《ある》いて、リードをクイッと引《ひ》っ張《ぱ》ります。こうすると犬《いぬ》は「食《た》べ物《もの》に近《ちか》づくと、首《くび》のあたりが引《ひ》っ張《ぱ》られて、不愉快《ふゆかい》でイヤだな」と思《おも》うようになります。繰《く》り返《かえ》し教《おし》えてあげれば、拾《ひろ》い食《ぐ》いをしなくなりますよ。散歩《さんぽ》の前《まえ》に、家《いえ》の中《なか》や庭《にわ》で練習《れんしゅう》するといいでしょう。

Q4 道《みち》で会《あ》った人《ひと》に、すぐとびつきます。あぶないのでやめさせたいのですが。

A 道《みち》を歩《ある》いている人《ひと》の中《なか》には、犬《いぬ》が嫌《きら》いな人《ひと》や苦手《にがて》な人《ひと》もたくさんいます。犬《いぬ》がとびつこうとしただけでビックリして転《ころ》び、骨《ほね》を折《お》ってしまった……というあぶない事故《じこ》も起《お》こっています。

まずは子犬《こいぬ》のころから、人《ひと》にとびつかないようにしつけをしましょう。飼《か》い主《ぬし》にとびついてきたら犬《いぬ》に背中《せなか》を向《む》けて無視《むし》します。犬《いぬ》が前《まえ》に回《まわ》ってきたら、回《まわ》りこめないように壁《かべ》のほうを向《む》いて無視《むし》を続《つづ》けます（55ページ参照《さんしょう》）。こうしているうちに、とびつかないようになります。「とびつかれても人間《にんげん》は、全然《ぜんぜん》うれしくない」ということを繰《く》り返《かえ》し教《おし》えてあげることが大事《だいじ》です。

散歩の後には こんなお手入れを

散歩《さんぽ》の後《あと》には、犬《いぬ》の体《からだ》の手入《てい》れをしましょう。帰《かえ》ってきてすぐにブラッシングなどをすれば、し忘《わす》れることがなくなります。

まずは足を きれいにしよう

散歩《さんぽ》から帰《かえ》ってきたら、まずは汚《よご》れた足《あし》をきれいにしましょう。水《みず》でぬらしたタオルなどでふいてもいいですし、バケツに水《みず》を入《い》れ、その中《なか》でしっかり洗《あら》ってあげてもいいでしょう。

洗《あら》い終《お》わったら指《ゆび》の間《あいだ》に水気《みずけ》が残《のこ》らないように注意《ちゅうい》。しっかりふきとってあげましょう。足指《あしゆび》の間《あいだ》がぬれていると、皮膚《ひふ》の病気《びょうき》になることがあります。

肉球が傷んでいないか 足裏をチェック

犬《いぬ》の足《あし》の裏《うら》には、肉球《にくきゅう》と呼《よ》ばれるクッションのようなものがついています。この部分《ぶぶん》はデリケートなので、散歩中《さんぽちゅう》にトゲが刺《さ》さったり、傷《きず》がついたりすることも。散歩《さんぽ》の後《あと》にしっかりチェックしましょう。ついでにつめの長《なが》さもチェックして、伸《の》びていたら切《き》ってあげましょう。

毛《け》の長《なが》い犬《いぬ》の場合《ばあい》はとくに、足《あし》の裏《うら》の毛《け》にも気《き》をつけて。指《ゆび》の間《あいだ》から裏《うら》に毛《け》が出《で》ていると、フローリングの部屋《へや》の床《ゆか》ですべってしまいます。肉球《にくきゅう》よりもはみ出《だ》さないように、切《き》ってあげましょう。

ブラッシングで体の汚れをとろう

散歩《さんぽ》に行《い》くと土《つち》ぼこりや枯《か》れ草《くさ》などがついて、体《からだ》が汚《よご》れることがあります。帰《かえ》ってきたらブラッシングで汚《よご》れを落《お》としてあげましょう（やり方《かた》は89ページ参照《さんしょう》）。

ブラッシングは1日《にち》に1回《かい》はしたいものですが、時間《じかん》を決《き》めておかないと忘《わす》れがち。「散歩《さんぽ》の後《あと》にブラッシングをする」と決《き》めておけば、忘《わす》れずにすみます。皮膚《ひふ》の状態《じょうたい》をよく観察《かんさつ》しながら、ブラッシングしましょう。

新鮮な水を飲ませてあげよう

散歩《さんぽ》から帰《かえ》ってきた犬《いぬ》は、のどがかわいています。専用《せんよう》の水飲《みずの》みにきれいな水《みず》をくんで、飲《の》ませてあげましょう。特《とく》に暑《あつ》い夏《なつ》は、たっぷり水《みず》を入《い》れておきましょう。

なるほどコラム 雨の日のお散歩はどうすればいいの？

犬《いぬ》の散歩《さんぽ》は、毎日時間《まいにちじかん》を決《き》めて行《い》かなければいけないものではありません。また散歩《さんぽ》を習慣《しゅうかん》にしてはいけません。雨《あめ》が降《ふ》ったら、散歩《さんぽ》はお休《やす》みにしてしまっていいのです。

しかし梅雨《つゆ》で毎日雨《まいにちあめ》が続《つづ》き、気分転換《きぶんてんかん》に散歩《さんぽ》をさせたいときは、行《い》ってもかまいません。あまりぬれないように短《みじか》い時間《じかん》で、庭先《にわさき》や近所《きんじょ》を回《まわ》ってくるぐらいにしましょう。

犬《いぬ》のレインコートなども売《う》っていますが、着《き》せなくても平気《へいき》です。犬《いぬ》はぬれても、自分《じぶん》で体《からだ》の毛《け》をふるわせて、水気《みずけ》をはらいます。散歩《さんぽ》のあと、タオルでふいてあげましょう。

健康を守るために体の手入れをしよう

ブラッシングやつめ切《き》りなどの体《からだ》の手入《てい》れは、犬《いぬ》とのふれあいや健康《けんこう》チェックに役立《やくだ》ちます。回数《かいすう》の目安《めやす》を参考《さんこう》にやってみましょう。

犬とふれあいながら手入れしてあげよう

毎日犬《まいにちいぬ》の体《からだ》の手入《てい》れをしていると、ちょっとした体《からだ》の変化《へんか》に、すぐに気《き》がつきます。病気《びょうき》やケガの発見《はっけん》につながるので、健康《けんこう》を守《まも》るのにとても役《やく》に立《た》ちます。散歩《さんぽ》の後《あと》などに、体《からだ》の手入《てい》れをするようにしましょう。

また大好《だいす》きな飼《か》い主《ぬし》に、体《からだ》の手《て》入《い》れをしてもらうのは、犬《いぬ》にとってはとてもうれしいこと。体《からだ》の手《て》入《い》れを通《つう》じて、犬《いぬ》と人間《にんげん》はもっと仲《なか》よしになれます。

ただし体《からだ》にさわられるのになれていないと、いやがってあばれることもあります。ホールドスチールやタッチングのしつけをしておくことが大事《だいじ》です。

集合住宅での手入れの注意点

犬《いぬ》の世話《せわ》でまず欠《か》かせないのは、体《からだ》を清潔《せいけつ》にするためのブラッシング。ブラッシングをすると、たくさん毛《け》が抜《ぬ》けます。

マンションやアパートなどの集合住宅《しゅうごうじゅうたく》では、ベランダでブラッシングをすると、毛《け》が飛《と》んで、おとなりや下《した》の階《かい》の人《ひと》に迷惑《めいわく》をかけることがあります。

そんな場合《ばあい》は部屋《へや》の中《なか》で、そうじ機《き》で抜《ぬ》けた毛《け》を吸《す》い取《と》りながらブラッシングするといいでしょう。この方法《ほうほう》なら、毛《け》が飛《と》び散《ち》らないのでおすすめです。

またはすぐに水《みず》で流《なが》してきれいにできる、おふろ場《ば》などで手入《てい》れをするといいでしょう。

ブラッシング
回数の目安：毎日

ブラッシングは犬《いぬ》の毛並《けな》みを整《ととの》え、抜《ぬ》け毛《げ》や汚《よご》れを落《お》として、きれいにするのに役立《やくだ》ちます。皮膚《ひふ》の病気《びょうき》やノミ・ダニなどの寄生《きせい》虫《ちゅう》がつくのを防《ふせ》ぐこともできます。地肌《じはだ》のマッサージにもなるので、血《ち》のめぐりがよくなり、犬《いぬ》の体《からだ》にとてもいいのです。

また毎日犬《まいにちいぬ》の体《からだ》に飼《か》い主《ぬし》がさわってあげることで、犬《いぬ》と人《ひと》がとても親《した》しくなれます。子犬《こいぬ》のころからブラッシングをして、「さっぱりして気持《きも》ちいいな」とわからせるのがポイントです。

春《はる》と秋《あき》は毛《け》が生《は》えかわる時期《じき》です。毛《け》の長《なが》い犬《いぬ》は1日《にち》2回《かい》ぐらいブラッシングしてあげましょう。

毛の長い犬の場合

※必要《ひつよう》なグッズは29ページ参照《さんしょう》

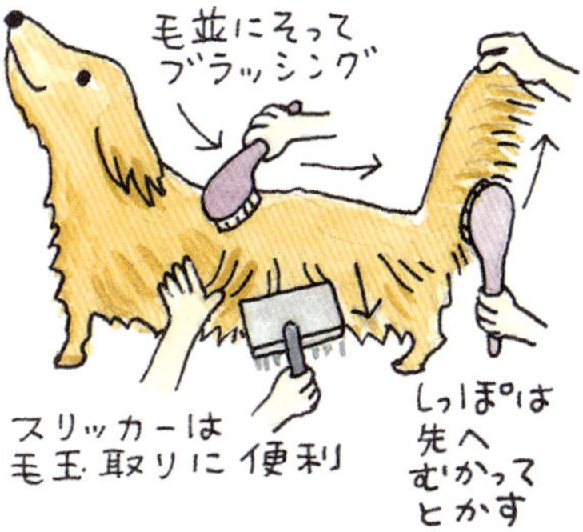

1. 毛並《けなみ》を分《わ》けて、下側《したがわ》の毛《け》から毛《け》の流《なが》れにそってブラシをかけていく。頭《あたま》→首《くび》→肩《かた》→前足《まえあし》→背中《せなか》→お腹《なか》→後《うし》ろ足《あし》→シッポの順番《じゅんばん》で。
2. 耳《みみ》や足《あし》のつけ根《ね》、お腹《なか》のやわらかい毛《け》はもつれやすいので、特《とく》にていねいに。もつれていたら、手《て》でよくほぐしながらブラッシングしよう。
3. 毛玉《けだま》ができているときは、スリッカーを使《つか》うと便利《べんり》。どうしても毛玉《けだま》がとれないときは、ハサミで切《き》る。
4. ブラッシングの後《あと》は、クシを使《つか》って毛並《けな》みを整《ととの》える。

毛の短い犬の場合

※必要《ひつよう》なグッズは29ページ参照《さんしょう》

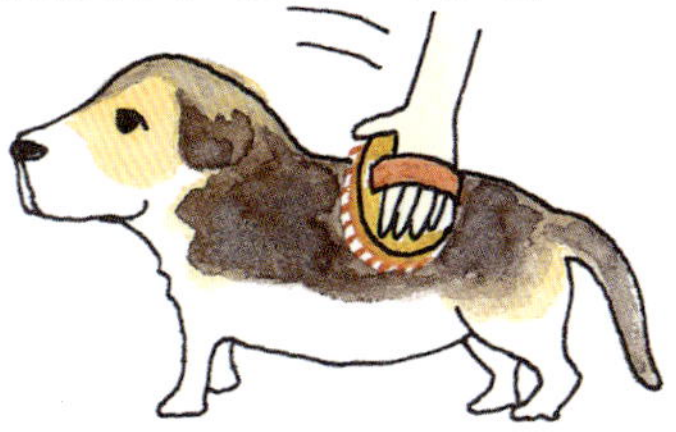

1. 毛《け》の流《なが》れにそって、軽《かる》くブラシをかける。順番《じゅんばん》は毛《け》の長《なが》い犬《いぬ》といっしょ。
2. 同《おな》じ部分《ぶぶん》の毛《け》を今度《こんど》は逆《ぎゃく》の方向《ほうこう》にブラッシングし、汚《よご》れやフケを浮《う》き上《あ》がらせる。
3. もう一度《ど》毛《け》の流《なが》れにそってブラシをかけ、毛並《けなみ》を整《ととの》える。

※わき腹《ばら》やお腹《なか》はできればゴロンとあお向《む》けにして、ブラッシングするといい

シャンプー
回数の目安：月1〜2回
毛の短い犬は2〜3ヵ月おきに

シャンプーは体全体《からだぜんたい》をきれいにして、皮膚《ひふ》を清潔《せいけつ》にするのに欠《か》かせないお手入《てい》れ。でも日《ひ》ごろまめにブラッシングしていれば、そんなにひんぱんにする必要《ひつよう》はありません。洗《あら》いすぎると、かえって毛《け》のつやが悪《わる》くなってしまいます。

シャンプーは必《かなら》ず犬専用《いぬせんよう》のものを使《つか》いましょう。アレルギー用《よう》、ノミとり用《よう》など種類《しゅるい》もいろいろあります。皮膚《ひふ》が弱《よわ》い場合《ばあい》は獣医《じゅうい》さんに相談《そうだん》して選《えら》ぶといいでしょう。

1

ぬるま湯《ゆ》（35度《ど》ぐらい）を足元《あしもと》からだんだん上《うえ》にかけ、全身《ぜんしん》を手《て》でマッサージするようにぬらす。

注意

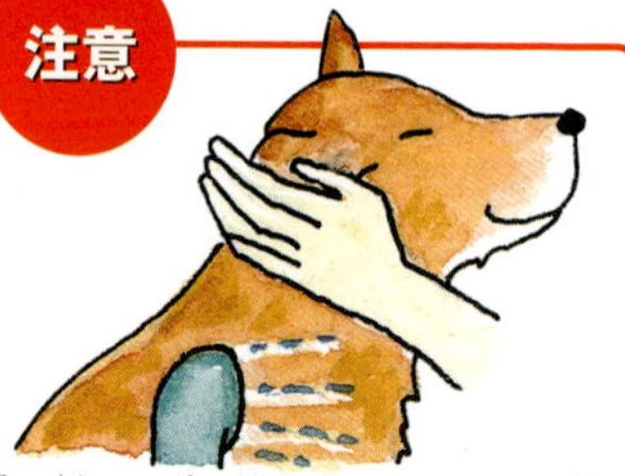

耳《みみ》の中《なか》にお湯《ゆ》が入《はい》らないように、耳《みみ》のまわりにお湯《ゆ》をかけるときは、手《て》でおさえてあげよう。

2

うすめたシャンプーを体全体《からだぜんたい》につけ、泡《あわ》だてる。指《ゆび》の腹《はら》を使《つか》ってやさしく洗《あら》う。毛《け》の長《なが》い犬《いぬ》は、リンスをしてあげると毛《け》づやがきれいになる。

3

シャワーでじゅうぶんにすすいだら、バスタオルでふいてあげる。水気《みずけ》が取《と》れたら、ドライヤーで完全《かんぜん》に乾《かわ》かす。

歯みがき
回数の目安：週に1〜2回

子ども用の小さなハブラシで何もつけずに歯をみがいてあげよう

歯《は》みがきをしないでいると、口《くち》の中《なか》に汚《よご》れがたまってしまいます。犬《いぬ》は虫歯《むしば》にはなりにくいのですが、不潔《ふけつ》にしていると歯槽《しそう》のうろうになって、歯《は》が抜《ぬ》けてしまうことがあります。

口《くち》の中《なか》をさわられるのは苦手《にがて》なので、子犬《こいぬ》のころから少《すこ》しずつならしていくようにします。子供用《こどもよう》歯《は》ブラシで、歯《は》みがき粉《こ》はつけずに、みがいてあげましょう。初《はじ》めから全部《ぜんぶ》の歯《は》をみがくのは、むずかしいので、みがきやすい前歯《まえば》からならしていくといいでしょう。

歯《は》ブラシを使《つか》うのがむずかしかったら、指先《ゆびさき》にガーゼを巻《ま》きつけ、歯《は》の汚《よご》れをこすりとってあげてもかまいません。

耳のそうじ
回数の目安：週1回

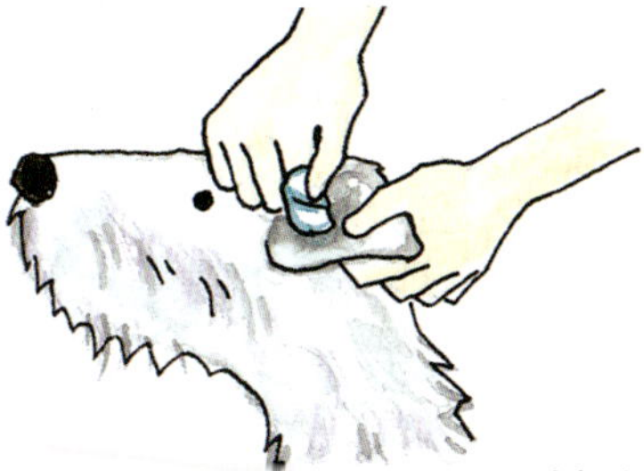

指にティッシュや脱脂綿をまき やさしくふいてあげよう

耳《みみ》は汚《よご》れがつきやすいので、週《しゅう》に１度《ど》はきれいにしましょう。指《ゆび》に少《すこ》しぬらしたティッシュや脱脂《だっし》綿《めん》を巻《ま》いて、やさしくふいてあげます。このとき、無理《むり》に奥《おく》のほうまでふいてはいけません。耳《みみ》の中《なか》を傷《きず》つけてしまうことがあります。

また耳《みみ》のたれた犬《いぬ》は、特《とく》に汚《よご》れがたまりやすいようです。耳《みみ》が汚《よご》れていないか、日頃《ひごろ》からチェックしてあげましょう。もし土《つち》ぼこりなどの汚《よご》れでなく、ねっとりとしたものがついていたら、耳《みみ》の病気《びょうき》のおそれがあります。獣医《じゅうい》さんに相談《そうだん》しましょう。

つめ切り
回数の目安：月1〜2回

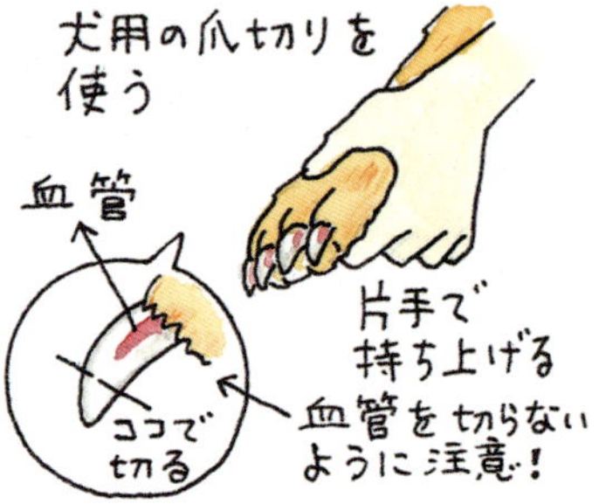

犬《いぬ》のつめは歩《ある》いているうちに、自然《しぜん》にけずれて短《みじか》くなります。だからじゅうぶんに散歩《さんぽ》して、つめが短《みじか》い犬《いぬ》には、つめ切《き》りの必要《ひつよう》はありません。でも部屋《へや》の中《なか》で飼《か》っている犬《いぬ》は、ときどきつめが伸《の》びすぎてしまうことがあります。

つめが伸《の》びすぎると、つめの先《さき》が内側《うちがわ》に食《く》いこんで肉球《にくきゅう》にささり、足《あし》が痛《いた》くなってしまいます。犬《いぬ》の前足《まえあし》を自分《じぶん》の手《て》のひらにのせて、つめがささるように感《かん》じたら、伸《の》びすぎなので切《き》ってあげましょう。

切《き》るときは、深《ふか》く切《き》りすぎないように気《き》をつけて（イラスト参《さん》照《しょう》）。1度《ど》切《き》りすぎて痛《いた》い思《おも》いをすると、つめ切《き》りをいやがるようになってしまいます。

おしりの手入れ
回数の目安：汚れたらすぐに

おしりのまわりは汚《よご》れやすい場《ば》所《しょ》。汚《よご》れたらお湯《ゆ》でぬらしたタオルやガーゼでふきとって、きれいにしてあげましょう。特《とく》にウンチがやわらかかったり、お腹《なか》をこわしているときは注意《ちゅうい》してあげて。

またおしりの穴《あな》のまわりには、肛門腺《こうもんせん》があり、これがつまるとおしりがかゆくなることがあります。

おしりをしつこくなめたり、床《ゆか》にこすりつけたりしているときは要注意《ようちゅうい》。肛門腺《こうもんせん》を左右《さゆう》から押《お》すようにして、しぼってあげます。くさい液体《えきたい》が出《で》るので、シャンプーの前《まえ》にするといいでしょう。

ただし肛門腺《こうもんせん》を飼《か》い主《ぬし》がしぼるのは、むずかしい場合《ばあい》もあります。家《いえ》でできなかったら、獣医《じゅうい》さんに相談《そうだん》しましょう。

目のまわりをふく
回数の目安：汚れたらすぐに

目《め》のまわりが汚《よご》れたり、目《め》やにが出《で》ていたら手入《てい》れをしてあげましょう。ぬるま湯《ゆ》を清潔《せいけつ》なタオルや脱脂綿《だっしめん》、ガーゼにひたして、やさしくふきましょう。

シーズーやヨークシャーテリアのような目《め》の大《おお》きな犬《いぬ》は、目《め》の中《なか》にゴミが入《はい》りやすく、病気《びょうき》にかかりやすいようです。日《ひ》ごろから目《め》の中《なか》にゴミが入《はい》っていないか、散《さん》歩《ぽ》の後《あと》などにしっかりチェックしましょう。

ノミ・ダニ対策
回数の目安：季節に応じて

犬《いぬ》にはノミやダニといった寄《き》生虫《せいちゅう》がつきやすいもの。普段《ふだん》からハウスの中《なか》をそうじして、体《からだ》をきれいに保《たも》つようにしましょう。

ノミやダニがいちばんつきやすいのは夏《なつ》ですが、5月《がつ》ごろから気《き》をつけるようにしましょう。

もしついていたら、獣医《じゅうい》さんに連《つ》れていって、ノミやダニを追《お》いはらう薬《くすり》を出《だ》してもらいます。ノミ取《と》り用《よう》の首輪《くびわ》も売《う》っていますが、あまり効《き》かないこともあります。

なるほどコラム

毛の長い犬には定期的にグルーミングを

毛《け》の長《なが》い犬《いぬ》には、毛《け》の長《なが》さを整《ととの》え、きれいにする「グルーミング」を月《つき》に1回《かい》ぐらいの割合《わりあい》でしてあげましょう。グルーミングをしないと見《み》た目《め》が悪《わる》くなるだけでなく、皮《ひ》膚《ふ》の病気《びょうき》の原因《げんいん》になります。

プードルのように特別《とくべつ》な手《て》入《い》れが必要《ひつよう》な犬《いぬ》は、プロのトリマー（犬《いぬ》の手入《てい》れの専門家《せんもんか》）にお願《ねが》いするのがいいでしょう。でも、ちょっとしたグルーミングなら、家《いえ》でもできます。

足《あし》の裏《うら》の肉球《にくきゅう》の間《あいだ》の毛《け》、おしりのまわりの毛《け》、耳《みみ》のまわりの毛《け》などは、こまめに切《き》ってあげるようにしましょう。

季節に応じた世話のポイント

犬《いぬ》はどちらかというと寒《さむ》さより暑《あつ》さに弱《よわ》い動《どう》物《ぶつ》です。季節《きせつ》の変化《へんか》にあわせて、快適《かいてき》に過《す》ごせるように工夫《くふう》してあげましょう。

春　念入りなブラッシングとフィラリア対策を忘れずに

●気温《きおん》の変化《へんか》に注意《ちゅうい》

春先《はるさき》は寒《さむ》い日《ひ》と暖《あたた》かい日《ひ》の気温《きおん》差《さ》がはげしく、かぜをひいたりしやすいものです。子犬《こいぬ》や年《とし》をとった犬《いぬ》は特《とく》に気《き》をつけましょう。

●ブラッシングをていねいに

春《はる》は毛《け》が生《は》えかわる時期《じき》です。ブラッシングは１日《にち》に１～２回《かい》はしましょう。気温《きおん》が上《あ》がってくると、ノミやダニも出《で》てきます。見《み》つけたら、早《はや》めに退治《たいじ》しましょう。

●フィラリア対策《たいさく》は5月《がつ》から

フィラリア症《しょう》（131ページ参照《さんしょう》）は、夏《なつ》にかかりやすい病気《びょうき》。でも予防《よぼう》は５月《がつ》ごろから始《はじ》めなくてはいけません。獣医《じゅうい》さんに相談《そうだん》して予防薬《よぼうやく》を飲《の》ませましょう。

梅雨～夏　湿気と暑さに負けずに過ごす工夫を

●犬《いぬ》は暑《あつ》さが大《だい》の苦手《にがて》

犬《いぬ》は暑《あつ》さが苦手《にがて》なので、涼《すず》しく過《す》ごせるように工夫《くふう》をしましょう。まずハウスを涼《すず》しくて風通《かぜとお》しのいいところに置《お》いてあげましょう。散歩《さんぽ》は朝早《あさはや》くや夜《よる》などの涼《すず》しい時《じ》間《かん》に行《い》くようにします。

部屋《へや》の中《なか》で犬《いぬ》をお留守番《るすばん》させるときは、冷房《れいぼう》を弱《よわ》めにかけておきましょう。

●食《た》べ残《のこ》しはすぐに捨《す》てる

梅雨《つゆ》どきから夏《なつ》にかけては、細《さい》菌《きん》やカビが増《ふ》えやすく、食《た》べ物《もの》もくさりやすくなります。食《た》べ残《のこ》しは、すぐに片《かた》づけて捨《す》てましょう。

●フィラリアの原因《げんいん》・蚊《か》に注意《ちゅうい》

部屋《へや》の中《なか》で飼《か》っているなら、あまり蚊《か》に刺《さ》される心配《しんぱい》はありませんが、予防薬《よぼうやく》を毎月《まいつき》1回飲《かいの》ませるのを忘《わす》れずに。

秋 食欲の秋は食べすぎ、太りすぎに注意

●夏《なつ》の疲《つか》れが出《で》ないように注意《ちゅうい》

暑《あつ》い夏《なつ》が過《す》ぎ、涼《すず》しくなってくると、夏《なつ》の疲《つか》れが急《きゅう》に出《で》ることがあります。特《とく》に年《とし》をとった犬《いぬ》は、体調《たいちょう》をくずすことがよくあります。夏《なつ》の疲《つか》れがとれるように、ゆっくり過《す》ごさせてあげましょう。

●食《た》べすぎに注意《ちゅうい》

秋《あき》になると人間《にんげん》と同《おな》じで、犬《いぬ》も食欲《しょくよく》が出《で》てきます。でも、食《た》べたがるだけあげていると、太《ふと》りすぎてしまうことも。決《き》まった量《りょう》のエサをあげるようにしましょう。

また食欲《しょくよく》が出《で》はじめても、夏《なつ》の暑《あつ》さで胃腸《いちょう》が弱《よわ》っていると、吐《は》いたりお腹《なか》をこわしたりすることもあります。気《き》をつけて。

●ブラッシングはこまめに

春《はる》と同《おな》じく、毛《け》の抜《ぬ》けかわる時期《じき》なので、こまめにブラッシングしてあげましょう。

冬 ハウスに毛布を入れてあげるなど寒さ対策を

●暖《あたた》かく過《す》ごせる工夫《くふう》を

犬《いぬ》は寒《さむ》さには強《つよ》いといわれていますが、冷《つめ》たい冬《ふゆ》の北風《きたかぜ》は体《からだ》によくありません。ハウスを日《ひ》が当《あ》たる場所《ばしょ》に置《お》き、中《なか》には毛布《もうふ》などを入《い》れてあげましょう。

●運動不足《うんどうぶそく》にならないよう注意《ちゅうい》

寒《さむ》いとつい「散歩《さんぽ》に行《い》きたくないなあ」と思《おも》ってしまうことも。しかしずっと部屋《へや》の中《なか》にいては、犬《いぬ》も運動不足《うんどうぶそく》になってしまいます。なるべく散歩《さんぽ》に連《つ》れていってあげましょう。

知って得する ワンワン情報

もしも犬が家から脱走したり迷子になったりしたら

こんなことが脱走の原因に

飼《か》い主《ぬし》の家《いえ》から急《きゅう》に脱走《だっそう》して、迷子《まいご》になってしまう犬《いぬ》はけっこういます。特《とく》に玄関先《げんかんさき》でつなぎっぱなしにして飼《か》ったり、庭《にわ》で放《はな》し飼《が》いにしていると、脱走《だっそう》してしまうことが多《おお》いそうです。

脱走《だっそう》の原因《げんいん》はいろいろですが、花火《はなび》やかみなり、バイクなどの大《おお》きな音《おと》に驚《おどろ》いて、外《そと》に飛《と》び出《だ》してしまうことがあります。オスの場合《ばあい》は、発情期《はつじょうき》のメスのにおいに誘《さそ》われて、追《お》いかけて外《そと》に出《で》ていくこともあるそうです。

家《いえ》の中《なか》で飼《か》っていても、散歩《さんぽ》の途中《とちゅう》で何《なに》かに驚《おどろ》いたりすると、脱走《だっそう》する危険《きけん》があります。散歩《さんぽ》に行《い》くときは首輪《くびわ》がゆるんだりしていないか、確認《かくにん》してから出《で》かけるようにしましょう。

いなくなったらどうすればいいの？

もし犬《いぬ》が逃《に》げたら、いつもの散歩《さんぽ》コース以外《いがい》を捜《さが》しましょう。そしていなくなった場所《ばしょ》の近辺《きんぺん》に犬《いぬ》を捜《さが》す貼《は》り紙《がみ》をしましょう。大人《おとな》の目《め》の高《たか》さより少《すこ》し低《ひく》い位置《い ち》に貼《は》ると見《み》やすく、効果的《こうかてき》です。

犬《いぬ》の種類《しゅるい》、体《からだ》の大《おお》きさや毛《け》の色《いろ》、名前《なまえ》、つけている首輪《くびわ》の色《いろ》などをくわしく書《か》きます。写真《しゃしん》もはっておくと効果《こうか》があります。なおふだんから首輪《くびわ》に、犬《いぬ》の名《な》前《まえ》、飼《か》い主《ぬし》の名前《なまえ》と連絡先《れんらくさき》を書《か》いたものをつけておくと、いざ迷子《まいご》になったときに役立《やくだ》ちます。

また迷子《まいご》になったらすぐに、役所《やくしょ》や保健所《ほけんじょ》に届《とど》け出《で》ましょう。だれかが勝手《かって》に捕《つか》まえて、飼《か》っていることもあるので、警察《けいさつ》にも届《とど》けておきましょう。

5

犬ともっと仲よしになるには

～遊び方、接し方～

ラッキーと外で遊びたい！

今日は日曜日
ねえ パパ ママ
ラッキーと公園に あそびに 行こうよ！
行こう！
あの公園は ペットを 連れて入れる かしら
大丈夫だよ
広い所で ラッキーを 思いきり走らせて あげよう！
オモチャも あるし
ワン！
あ 藤井先生だ
こんにちは！
やあ

ふだんはお散歩《さんぽ》タイムしかいっしょに外《そと》へ出《で》かけないけれど、せっかくの休日《きゅうじつ》、ラッキーと外《そと》で遊《あそ》びたい！ そう思《おも》ったカオルはパパやママにお願《ねが》いして、近《ちか》くのペットが入《はい》れる公園《こうえん》に行《い》くことにしたのですが……。さてどうなることやら？

これを覚えれば安心して遊べるよ
～スワレ、マテ、フセ、コイ～

犬《いぬ》と楽《たの》しく遊《あそ》ぶためには、これから紹介《しょうかい》する4つの訓練《くんれん》が役立《やくだ》ちます。ごほうびのエサを上手《じょうず》に使《つか》って、訓練《くんれん》してみましょう。

人と犬を仲よしにする4つの訓練

犬《いぬ》ともっともっと仲《なか》よくなるために「スワレ」「マテ」「コイ」「フセ」などの訓練《くんれん》をしましょう。ホールドスチール、タッチング、リーダーウォークなどのしつけができるようになったら、これから紹介《しょうかい》する4つの訓練《くんれん》を始《はじ》めましょう。

訓練《くんれん》というと、なんだか「犬《いぬ》にとってはつまらないことなのでは？」と思《おも》う人《ひと》もいるでしょう。でもそんなことはありません。

リーダーである飼《か》い主《ぬし》の命令《めいれい》を聞《き》くのは、犬《いぬ》にとってとてもうれしいこと。だから訓練《くんれん》することで、飼《か》い主《ぬし》と犬《いぬ》はさらに仲《なか》よしになれるというわけです。

どんなときにこの訓練が役立つの？

この4つの訓練《くんれん》で、最初《さいしょ》に犬《いぬ》に教《おし》えてあげたいのは「スワレ」です。これは犬《いぬ》にごはんをあげるときや散歩《さんぽ》に出《で》かけるとき、遊《あそ》びや訓練《くんれん》を始《はじ》めるときにする動作《どうさ》。

そして「スワレ」ができるようになったら、「マテ」を教《おし》えましょう。これを覚《おぼ》えれば、散歩中《さんぽちゅう》に入《はい》ってはいけないところに入《はい》ろうとしたときや、人《ひと》に飛《と》びかかろうとしたときに犬《いぬ》を簡単《かんたん》に止《と》められるようになります。

そして次《つぎ》に「フセ」を教《おし》えます。「フセ」の姿勢《しせい》ができれば、飼《か》い主《ぬし》のことをおとなしく待《ま》つことができるようになります。

「マテ」や「フセ」ができるよう

●エサを使った訓練を始める前に

ごほうびのエサには、犬用《いぬよう》のビスケットやビーフジャーキー、チーズなどを使《つか》おう。

まずはエサのにおいをかがせて、犬《いぬ》が飼《か》い主《ぬし》に注目《ちゅうもく》するようにします。それから「スワレ」「マテ」などの訓《くん》練《れん》を始《はじ》めましょう。

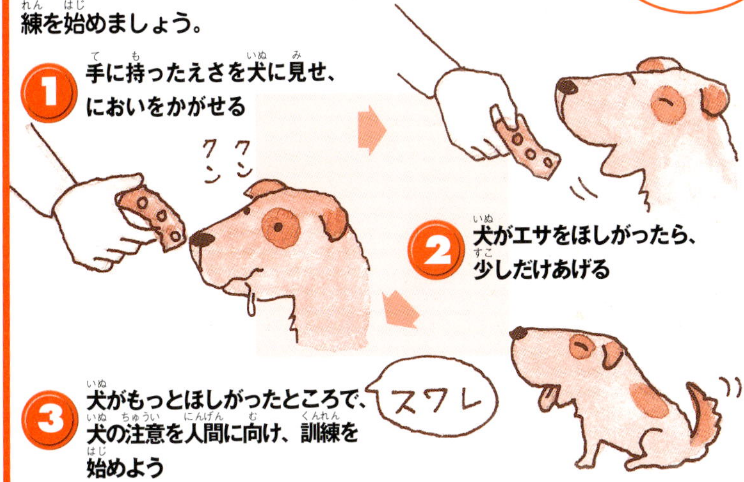
1 手《て》に持《も》ったえさを犬《いぬ》に見《み》せ、においをかがせる
クンクン
2 犬《いぬ》がエサをほしがったら、少《すこ》しだけあげる
3 犬《いぬ》がもっとほしがったところで、犬《いぬ》の注意《ちゅうい》を人間《にんげん》に向《む》け、訓練《くんれん》を始《はじ》めよう
スワレ

になったら、「コイ」を教《おし》えます。これができるようになれば、飼《か》い主《ぬし》が呼《よ》んだらすぐ来《く》るようになります。広《ひろ》い場所《ばしょ》でリードを放《はな》して遊《あそ》ばせるときなどに役立《やくだ》ちます。

ごほうびにエサを使ってしつけよう

犬《いぬ》は飼《か》い主《ぬし》からいわれたことがうまくできたときに、ごほうびをもらうと「いうことを聞《き》くとごほうびがもらえる」とわかるようになります。そしてすすんで飼《か》い主《ぬし》のいうことを聞《き》くようになります。

上手《じょうず》にできたら、すぐにエサをあげ、やさしくなでてほめてあげるのがポイントです。もしうまくできなくても、けっして大《おお》きな声《こえ》でしかったり、たたいたりしてはいけません。

そのうちエサはときどきあげるようにして、できてもほめるだけにします。そうすると犬《いぬ》はほめられることをうれしいと思《おも》うようになり、エサがなくてもいわれたことができるようになります。

すべての訓練の基本
スワレ

まずは「スワレ」にチャレンジ。できなくても大《おお》きな声《こえ》でしかったり、手《て》で犬《いぬ》のおしりを押《お》したりしてはいけません。

これから紹介《しょうかい》する4つの訓練《くんれん》も、まずはお父《とう》さんやお母《かあ》さんにやってもらおう。できるようになったら、みんなも練習《れんしゅう》してみてね！

左手《ひだりて》にリード、右手《みぎて》にエサを持《も》って、犬《いぬ》と向《む》かい合《あ》って立《た》ちます。手《て》の中《なか》のエサのにおいを犬《いぬ》にかがせます。このとき、まだエサはあげないで。

エサを持《も》った手《て》を犬《いぬ》の顔《かお》に上《うえ》のほうから近《ちか》づけます。こうすると犬《いぬ》はエサにつられて、自然《しぜん》に座《すわ》る姿勢《しせい》になります。

犬《いぬ》が座《すわ》りかけたところで「スワレ」と声《こえ》をかけ、犬《いぬ》が完全《かんぜん》に座《すわ》ったところでエサをあげましょう。そして頭《あたま》や顔《かお》をなでてやさしくほめてください。

同《おな》じように繰《く》り返《かえ》しできたら、ときどきエサをあげないで、ほめるだけにしてみましょう。そのうち犬《いぬ》は「スワレ」の意味《いみ》がわかるようになり、言葉《ことば》をかけただけでできるようになります。

食事や散歩のときにも大事な訓練
マテ

これができるようになれば、飼《か》い主《ぬし》のことを待《ま》てるようになります。犬《いぬ》が急《きゅう》に動《うご》こうとしたとき、静《しず》かにさせるのにも役立《やくだ》ちます。

1

犬《いぬ》と向《む》かいあって「スワレ」をさせます。手《て》の中《なか》に持《も》ったエサのにおいを犬《いぬ》にかがせます。

2

犬《いぬ》を座《すわ》らせ、向《む》かい合《あ》ったまま、人《ひと》が一歩《いっぽ》後《うし》ろへ下《さ》がります。犬《いぬ》もつられて動《うご》こうとしますが、動《うご》きそうになったら犬《いぬ》の前《まえ》にもどりエサを差《さ》し出《だ》して、その場《ば》にとどまらせるようにします。

3

少《すこ》しずつ離《はな》れる距離《きょり》をのばしていき、犬《いぬ》が動《うご》きそうになったら戻《もど》ってエサをあげることをくりかえします。こうしているうちに、犬《いぬ》は待《ま》っているとエサがもらえるとわかるようになります。きちんと待《ま》てるようになったら、はじめて「マテ」と声《こえ》をかけましょう。

4

「マテ」と声《こえ》をかけながら、犬《いぬ》と離《はな》れる距離《きょり》をのばしていき、遠《とお》くに離《はな》れても待《ま》てるようになるまで練習《れんしゅう》しましょう。犬《いぬ》が動《うご》いてしまったら、同《おな》じ場所《ばしょ》に戻《もど》して最初《さいしょ》からやり直《なお》しましょう。

人のそばで待たせるときに役立つ
フセ

人《ひと》のそばで待《ま》たせるとき、これができればおとなしく待《ま》っていられます。すぐにできない犬《いぬ》も多《おお》いのですが、根気《こんき》よく訓練《くんれん》しましょう。

1

犬《いぬ》と向《む》かい合《あ》って立《た》ち、手《て》の中《なか》に持《も》ったエサのにおいをかがせ、「スワレ」で犬《いぬ》を座《すわ》らせます。

2

エサを持《も》った手《て》を犬《いぬ》の鼻先《はなさき》に近《ちか》づけ、地面《じめん》まで下《さ》げると自然《しぜん》に犬《いぬ》はふせる姿《し》勢《せい》になっていきます。

3

犬《いぬ》がふせかけたところで「フセ」と声《こえ》をかけます。

4

うまくふせられたら、すぐにエサをあげ、頭《あたま》や顔《かお》をやさしくなでながらよくほめてあげましょう。

うまく「フセ」ができないときは……

足《あし》の下《した》をくぐらせてみよう

「スワレ」で座《すわ》らせた犬《いぬ》の前《まえ》に片足《かたあし》を出《だ》して、トンネルのようにします。

手《て》の中《なか》のエサを見《み》せながら、その手《て》を追《お》わせるようにして、足《あし》の下《した》をくぐらせます。

フセの状態《じょうたい》になったら、エサをあげながら、十分《じゅうぶん》にほめてあげましょう。

自分《じぶん》の体《からだ》を小《ちい》さく見《み》せる「フセ」の姿勢《しせい》をとるのは、犬《いぬ》が「自分《じぶん》が相手《あいて》よりも弱《よわ》い」と認《みと》めること。「フセ」ができるようになると、犬《いぬ》は飼《か》い主《ぬし》のいうことをますますよく聞《き》くおりこう犬《いぬ》になりますよ。

イスやベンチを利用《りよう》してみよう

イスやベンチの下《した》から、犬《いぬ》にエサを見《み》せます。

手《て》の中《なか》のエサを見《み》せながら、犬《いぬ》がはってイスやベンチの下《した》をくぐるようにします。うまくフセの姿勢《しせい》ができたらエサをあげながら、ほめてあげましょう。

呼べばすぐ来る犬になる
コイ

犬《いぬ》は信頼《しんらい》していない人《ひと》のところには、呼《よ》ばれても行《い》きません。この訓練《くんれん》をすれば、飼《か》い主《ぬし》と犬《いぬ》の心《こころ》のつながりはますます深《ふか》くなります。

1

犬《いぬ》と向《む》かい合《あ》って立《た》ち、「スワレ」をさせます。「マテ」と声《こえ》をかけて待《ま》たせます。

2

リードを持《も》ったまま手《て》の中《なか》のエサを見《み》せて「コイ」といい、2～3歩《ぽ》犬《いぬ》から離《はな》れます。

3

犬《いぬ》がついてきたら座《すわ》らせて、エサをあげてほめてあげます。

4

できるようになってきたら今度《こんど》はリードを放《はな》し「マテ」をさせ、少《すこ》しずつ離《はな》れる距離《きょり》をのばしていきます。エサをあげる回数《かいすう》もへらしていきます。そのうちエサをもらわなくても、できるようになっていきます。

うまく「コイ」ができないときは……

来《く》るのが遅《おそ》い犬《いぬ》の場合《ばあい》

訓練《くんれん》をしてもなかなか犬《いぬ》が来《こ》ないときは、犬《いぬ》と逆《ぎゃく》の方向《ほうこう》へ走《はし》って逃《に》げるまねをしてみます。こうすると犬《いぬ》は「飼《か》い主《ぬし》がいなくなってしまう！」とおどろいて追《お》いかけてきます。

犬《いぬ》の名前《なまえ》を呼《よ》び、「コイ」といいます。

犬《いぬ》が来《こ》ないようなら背《せ》を向《む》けて、犬《いぬ》と逆《ぎゃく》の方向《ほうこう》へ逃《に》げるまねをします。

犬《いぬ》が追《お》いかけてきたらしゃがんでエサをあげて、ほめてあげましょう。

呼《よ》んでもすぐに気《き》がつかない子犬《こいぬ》の場合《ばあい》

子犬《こいぬ》は外《そと》に連《つ》れていくとまわりに夢中《むちゅう》になり、呼《よ》んでも気《き》づかないことがあります。こんなときはふだん行《い》かない公園《こうえん》や広場《ひろば》に連《つ》れていき、訓練《くんれん》します。知《し》らない場所《ばしょ》では心細くなり「頼《たよ》りになるのは飼《か》い主《ぬし》だけだ」と気《き》づき、呼《よ》ぶと来《く》るようになります。

1. 家《いえ》から少《すこ》し離《はな》れた公園《こうえん》や広場《ひろば》に子犬《こいぬ》を連《つ》れていきます。
2. 子犬《こいぬ》は自分《じぶん》の知《し》らない場所《ばしょ》なので心配《しんぱい》になり、地面《じめん》のにおいをかいだりし始《はじ》めます。そのすきに、飼《か》い主《ぬし》は木《き》のかげなどに隠《かく》れます。
3. 子犬《こいぬ》は必死《ひっし》になって飼《か》い主《ぬし》を探《さが》そうとします。しばらくして子犬《こいぬ》が心細《こころぼそ》くなったころに名前《なまえ》を呼《よ》び、犬《いぬ》が来《き》たらエサをあげてほめましょう。

犬が安心できるハウスのしつけ

ハウスは犬《いぬ》にとって、安心《あんしん》して過《す》ごせる自分《じぶん》の部屋《へや》です。犬《いぬ》が自分《じぶん》からすすんで入《はい》れるように、子犬《こいぬ》のころからしつけましょう。

犬には落ち着いて過ごせるハウスが必要

ハウスは、犬《いぬ》がいちばん安心《あんしん》できる場所《ばしょ》です。

犬《いぬ》を飼《か》い始《はじ》めるときにハウスは必《かなら》ず用意《ようい》し、子犬《こいぬ》のうちから入《はい》り方《かた》のしつけをしましょう。犬《いぬ》が自分《じぶん》で出《で》られないように、とびらが付《つ》いているケージやクレイトをハウスにするといいでしょう。

「せまいケージの中《なか》に犬《いぬ》を閉《と》じこめて、かわいそうじゃない？」と思《おも》う人《ひと》もいるでしょう。でも、犬《いぬ》の先祖《せんぞ》のオオカミは、せまくてうす暗《ぐら》い横穴《よこあな》を巣《す》にして、その中《なか》で休《やす》んでいました。だから犬《いぬ》も、体《からだ》がすっぽりおさまるぐらいの大《おお》きさのハウスに入《はい》っていると、安心《あんしん》できるのです。

ハウスを覚えればお出かけや留守番も得意に

ハウスに自分《じぶん》からすすんで入《はい》るようになると、犬《いぬ》は落《お》ち着《つ》いた気《き》持《も》ちでいることができます。お客《きゃく》さんが来《き》たときや、留守番《るすばん》をするとき、車《くるま》でお出《で》かけするときなども、おとなしくしていられます。獣医《じゅうい》さんのところへ連《つ》れていくときも、ハウスに入《い》れていくのがおすすめです。

また犬《いぬ》は巣《す》（=ハウス）の中《なか》でオシッコやウンチをしない習性《しゅうせい》があります。だからふだんからハウスの中《なか》に入《い》れるようにしておくと、ハウスから出《で》たときにオシッコやウンチをするくせがつきます。ハウスを覚《おぼ》えれば、トイレのしつけもかんたんにできるのです。

ハウスのしつけをやってみよう!

しつけのポイントは、犬《いぬ》が自《じ》分《ぶん》から喜《よろこ》んでハウスに入《はい》れるようにすることです。無理《むり》に中《なか》に入《い》れようとしてはいけません。

そのためには「ハウスに入《はい》ればいいことがある」と犬《いぬ》に思《おも》わせるのがいちばん。最初《さいしょ》はエサを使《つか》ってしつけをしてみましょう。

繰《く》り返《かえ》し教《おし》えてあげるうちに、犬《いぬ》はハウスが安全《あんぜん》で心地《ここち》よい場所《ばしょ》だということに気《き》づきます。そしてエサをあげなくても、「ハウス」と声《こえ》をかけられれば、自分《じぶん》から入《はい》っていくようになります。

ハウスにエサを投《な》げ入《い》れて、犬《いぬ》が入《はい》ろうとしたら「ハウス」と声《こえ》をかけます。

エサを食《た》べて犬《いぬ》が出《で》てこようとしたら、出《で》る前《まえ》に入《い》り口《ぐち》のところにエサを置《お》きます。

外《そと》に出《で》ようとするたびにエサを入《い》れると「中《なか》にいればエサがもらえるんだ」と犬《いぬ》は思《おも》います。そうすると中《なか》に入《はい》っていられるようになります。

おとなしく入《はい》っていたら、トビラを閉《し》めます。犬《いぬ》が出《で》ようとしているのに、無理《むり》に閉《と》じこめてはいけません。

留守番が上手にできる犬にするには

家族《かぞく》が出《で》かけるときは、犬《いぬ》をひとりでお留守《るす》番《ばん》させなくてはいけないこともあります。子《こ》犬《いぬ》のうちから練習《れんしゅう》を始《はじ》めましょう。

留守番させるときは声をかけないで

犬《いぬ》はひとりぼっちで留守番《るすばん》するのが苦手《にがて》です。なれないうちはおきざりにされて心細《こころぼそ》くなり、家具《かぐ》をかじったり、オシッコやウンチをしてしまうことも。また飼《か》い主《ぬし》が帰《かえ》るまでほえ続《つづ》けて、近所《きんじょ》に迷惑《めいわく》をかけてしまうこともあります。

飼《か》い主《ぬし》が出《で》かけるしたくを始《はじ》めると、犬《いぬ》は自分《じぶん》が留守番《るすばん》しなければいけないことに気《き》づきます。そんなとき「いい子《こ》で留守番《るすばん》しててね」などと声《こえ》をかけると、犬《いぬ》は落《お》ち着《つ》かなくなります。帰《かえ》ってきたときも「いい子《こ》だった？」などと声《こえ》をかけると、人《ひと》の出入《ではい》りにびんかんな犬《いぬ》になってしまいます。

留守番《るすばん》のしつけのこつは、出《で》かけるときや帰《かえ》ってきたときにすぐに声《こえ》をかけないこと。出《で》かける前《まえ》、帰《かえ》った後《あと》30分《ぷん》ぐらいは犬《いぬ》を無視《むし》するといいでしょう。

最初は短い時間の留守番を練習しよう

最初《さいしょ》から長《なが》い時間《じかん》の留守番《るすばん》はむずかしいので、まずは短《みじか》い時間《じかん》で練習《れんしゅう》させましょう（くわしくは右《みぎ》のページ）。最初《さいしょ》は出《で》かけてすぐもどり、少《すこ》しなれたら5分《ふん》ぐらいの留守番《るすばん》から始《はじ》めて、10分《ぷん》、15分《ふん》、20分《ぷん》とのばしていきます。

このとき犬《いぬ》がほえていても、無視《むし》することが大事《だいじ》です。ほえるのをやめるまで外《そと》で待《ま》ち、静《しず》かになってから家《いえ》の中《なか》に入《はい》りましょう。どうしてもやめないようなら、家《いえ》に入《はい》って犬《いぬ》を無視《むし》してください。

いい子で留守番できる犬にするトレーニング

少《すこ》しずつならしていけば、ラッキーも留《る》守番中《すばんちゅう》にさびしいと思《おも》わなくなるんだって。

1 出《で》かけるしたくをする。その間《あいだ》も犬《いぬ》のことは無視《むし》しよう。

2 出《で》かけてはすぐもどることを何度《なんど》か繰《く》り返《かえ》す。

チッ
チッ
チッ

3 外《そと》に出《で》て、2～3分《ぷん》でもどる。もどったときは、犬《いぬ》に声《こえ》をかけずに無視《むし》。

4 知《し》らんぷりをして外《そと》に出《で》て、5分《ふん》ぐらい家《いえ》の中《なか》のようすを見《み》てみる。ほえていても無視《むし》して、ほえるのをやめてから家《いえ》へ入《はい》ろう。ずっとほえているときは、家《いえ》の中《なか》に入《はい》るが、無視《むし》を続《つづ》ける。

5 出《で》かける時間《じかん》を10分《ぷん》、15分《ふん》、20分《ぷん》とのばしていく。なれてきたら、長《なが》い留守番《るすばん》もだいじょうぶ！

藤井先生のワン！ポイントアドバイス

ハウスのしつけがしっかりできている犬《いぬ》は、留守番《るすばん》のときハウスに入《い》れておきましょう。部屋《へや》の中《なか》をいたずらすることもなく、安心《あんしん》です。

家族以外の人と犬のつきあい方

犬《いぬ》が苦手《にがて》な人《ひと》や、見《み》ただけでこわいと思《おも》う人《ひと》もいます。お客《きゃく》さんが来《き》たり、外《そと》に連《つ》れ出《だ》すときには、こんなことに気《き》をつけましょう。

犬が苦手な人もいることを忘れずに

犬《いぬ》にかまれたことがある、野良《のら》犬《いぬ》に追《お》いかけまわされたことがある……。そんな体験《たいけん》から「犬《いぬ》がこわい」と思《おも》う人《ひと》は、けっこう多《おお》いものです。散歩《さんぽ》のときはもちろんですが、家《いえ》にお客《きゃく》さんが来《き》たり、エレベーターでよその人《ひと》といっしょになるとき、「犬《いぬ》が苦手《にがて》な人《ひと》がいるかもしれない」と気《き》を配《くば》ることはとても大切《たいせつ》です。

急《きゅう》に犬《いぬ》が近《ちか》づいたり、とび出《だ》したりすると、それにおどろいた人《ひと》が転《ころ》んでケガをすることがあります。ふだんから、人《ひと》にとびつかせないようにしつけをするのはもちろん、散歩中《さんぽちゅう》はしっかりリードを持《も》つようにしましょう。

エレベーターや通路では犬をだっこ

マンションなどの集合住宅《しゅうごうじゅうたく》では、エレベーターや通路《つうろ》を犬《いぬ》を連《つ》れて利用《りよう》することがあります。そんなときは、あまり大《おお》きな犬《いぬ》でなければだっこするようにしましょう。

こうしていれば、犬《いぬ》が苦手《にがて》な人《ひと》もこわくないし、犬《いぬ》が急《きゅう》に動《うご》き出《だ》しそうになっても、しっかり止《と》めることができます。

お客さんに犬がほえるときは

家《いえ》に来《き》たお客《きゃく》さんにほえる犬《いぬ》は、自分《じぶん》が家族《かぞく》の中《なか》のリーダーだと思《おも》いこんでいます。自分《じぶん》のなわばりに「敵《てき》が入《はい》ってきた！」と思《おも》い、うなったりほえたりして、相手《あいて》をおどろかそうとしているのです。

こんなときは犬《いぬ》がほえても、無《む》視《し》するのがいちばん。大声《おおごえ》でしかったりしてはだめ。飼《か》い主《ぬし》が自分《じぶん》を応援《おうえん》してくれているのだと、犬《いぬ》はかんちがいして、ますますほえてしまいます。

うるさくほえ続ける犬は、大きな音でおどろかそう

空《あ》きかんに小石《こいし》や小銭《こぜに》を入《い》れたものを、犬《いぬ》にあたらないように見《み》えないところから投《な》げてみましょう。こうすると「ほえるとイヤなことがおこる」と犬《いぬ》は覚《おぼ》え、ほえなくなります。

どうしてもやめないときは、大《おお》きな音《おと》のするものを、犬《いぬ》にあたらないように近《ちか》くに投《な》げて、おどろかせるのもひとつの方法《ほうほう》です。

いちばん大切《たいせつ》なのは、ふだんからリーダーウォークなどのしつけをしっかりすることです。「飼《か》い主《ぬし》が自分《じぶん》のリーダーだ」と思《おも》っている犬《いぬ》は、お客《きゃく》さんが来《き》てもほえたりしません。

友だちが遊びに来たときは

しつけができている犬《いぬ》は、飼《か》い主《ぬし》が親《した》しくしている人《ひと》に対《たい》して、おとなしくしています。みんなの友《とも》だちが遊《あそ》びに来《き》ても、きっとおとなしくしているはずです。

でも、友《とも》だちの中《なか》には、犬《いぬ》が苦《にが》手《て》な子《こ》もいるかもしれません。また犬《いぬ》が好《す》きでも、犬《いぬ》との遊《あそ》び方《かた》をよく知《し》らない子《こ》がいるかもしれません。こんなときは、まずは犬をハウスに入《い》れておきましょう。しばらくして、犬《いぬ》も友《とも》だちもおたがいになれてきたら、いっしょに遊《あそ》んでもかまいません。友《とも》だちに犬《いぬ》用《よう》のおやつをあげてもらうと、仲《なか》よくなるきっかけになります。

車でのお出かけにトライしてみよう

犬《いぬ》は小《ちい》さいうちからならしていけば、車《くるま》に乗《の》れるようになります。ハウスなどのしつけをしっかりして、楽《たの》しくお出《で》かけしましょう。

ハウスに入っていれば車にも安全に乗れる

犬《いぬ》といっしょにお出《で》かけするとき、いちばん手軽《てがる》な乗《の》り物《もの》は車《くるま》です。お父《とう》さんやお母《かあ》さんが運転《うんてん》する車《くるま》なら、犬《いぬ》も安心《あんしん》して乗《の》れることでしょう。

車《くるま》に犬《いぬ》を乗《の》せるときは、ハウス（ケージかクレイト）に入《い》れて、乗《の》せるようにします。また大《おお》きな犬《いぬ》だと、ハウスが車《くるま》に入《はい》らないことも。そんなときは、後《うし》ろの座席《ざせき》シートの下《した》に「フセ」をさせておくといいでしょう。1匹《ぴき》だけで乗《の》せるのではなく、必《かなら》ずだれかがとなりにすわって見《み》ているようにしましょう。しつけがきちんとできた犬《いぬ》なら、乗《の》り物《もの》で出《で》かけるのもかんたんなのです。

少しずつ車にならしていこう

初《はじ》めて車《くるま》に乗《の》ると、乗《の》り物《もの》よいをする犬《いぬ》も多《おお》いようです。しかし子犬《こいぬ》のころから少《すこ》しずつならしていけば、乗《の》り物《もの》よいもしなくなります。

最初《さいしょ》はエンジンをかけないで、車《くるま》に乗《の》せてようすを見《み》てみます。次《つぎ》に窓《まど》を開《あ》けたまま、近所《きんじょ》を回《まわ》るくらいの短《みじか》い時間《じかん》、ドライブしてみます。そしてだんだん時間《じかん》を長《なが》くしていきます。なれてくると窓《まど》を閉《し》めても平気《へいき》になります。

どうしても車《くるま》に乗《の》ると吐《は》いてしまう犬《いぬ》には、前《まえ》の晩《ばん》のごはんをあげないのもひとつの方法《ほうほう》です。吐《は》くものがないほうが、犬《いぬ》は苦《くる》しくならないからです。

車でお出かけするときの注意点

ハウスのしつけをしっかりしておけば、お出《で》かけもラクにできるのね！

❶ ハウスに入《い》れて、後《うし》ろの座席《ざせき》に乗《の》せよう

車《くるま》が走《はし》っているとき、犬《いぬ》が車内《しゃない》をうろうろしているととても危険《きけん》です。人間《にんげん》にもシートベルトやチャイルドシートが必要《ひつよう》なように、犬《いぬ》もハウスに入《い》れて、車《くるま》に乗《の》せるようにしましょう。

なおハウスは助手席《じょしゅせき》ではなく、後《うし》ろの座席《ざせき》に置《お》きましょう。

ただし犬《いぬ》を車《くるま》に残《のこ》しておくときは、車内《しゃない》の温度《おんど》にじゅうぶん気《き》をつけましょう。

❷ 目的地《もくてきち》に着《つ》くまでハウスからは出《だ》さない

人間《にんげん》は何度《なにど》か休《やす》んで車《くるま》の外《そと》に出《で》ますが、犬《いぬ》はハウスの中《なか》から出《だ》さないようにしましょう。ちょこちょこ出《だ》すと、外《そと》に出《で》たがり落《お》ち着《つ》きがなくなってしまいます。

❸ 飲《の》み水《みず》は目的地《もくてきち》へ着《つ》くまであげないで

車《くるま》に乗《の》る前《まえ》に水《みず》を少《すこ》しあげておけば、途中《とちゅう》で水《みず》をあげなくても平《へい》気《き》です。水《みず》を飲《の》むとオシッコもしたくなるので、目的地《もくてきち》に着《つ》くまではあげないで。

犬といっしょに泊まれる宿もある

日帰《ひがえ》りでのドライブになれてきたら、家族《かぞく》そろって犬《いぬ》といっしょに旅行《りょこう》もできるようになります。

最近《さいきん》はペットと泊《と》まれるホテルやペンションなども増《ふ》えてきています。とはいっても、いろいろな犬《いぬ》が来《く》る場所《ばしょ》なので、しっかりしつけができていないと泊《と》まることはできません。トイレのしつけはもちろん、「マテ」「フセ」などもできるようにしておきましょう。

部屋の中では・こんな遊びをしよう・

部屋《へや》の中《なか》は、犬《いぬ》も人間《にんげん》もゆっくりくつろぐ場《ば》所《しょ》。だから飛《と》んだりはねたりする遊《あそ》びより、静《しず》かにできる遊《あそ》びをするようにしましょう。

部屋の中では静かな遊びをしよう

お家《うち》の中《なか》で犬《いぬ》を飼《か》っていると、部屋《へや》でもたくさん遊《あそ》びたいと思《おも》う人《ひと》も多《おお》いでしょう。でも部屋《へや》の中《なか》で走《はし》り回《まわ》って自由《じゆう》に遊《あそ》ぶことになれてしまうと、犬《いぬ》は「いつでも好《す》きなように遊《あそ》べる」と思《おも》ってしまいます。飼《か》い主《ぬし》のつごうはおかまいなしに「遊《あそ》んで！ 遊《あそ》んで！」とほえておねだりするようになってしまうこともあります。

家《いえ》の中《なか》は、犬《いぬ》も人《ひと》もくつろいで休《やす》む場所《ばしょ》。だから部屋《へや》の中《なか》で、動《うご》き回《まわ》って遊《あそ》ぶ習慣《しゅうかん》をつけないようにしましょう。「走《はし》ったりして体《からだ》を思《おも》いっきり動《うご》かして遊《あそ》ぶのは、外《そと》に行《い》ったときだけ」と犬《いぬ》に教《おし》えてあげるようにするのです。

タッチングや「モッテコイ」で遊ぼう

犬《いぬ》はお気《き》に入《い》りのものを見《み》つけると、口《くち》にくわえて放《はな》しません。お客《きゃく》さん用《よう》のスリッパや、みんなのおもちゃでも、一度《ど》口《くち》にくわえてしまうと「これはボクのもの！」と思《おも》いこんでしまいます。そして取《と》り返《かえ》そうとした人《ひと》と引《ひ》っ張《ぱ》りっこになってしまいます。

これを防《ふせ》ぐために「モッテ、ダセ」「モッテコイ」の訓練《くんれん》はとても役立《やくだ》ちます。この訓練《くんれん》は部屋《へや》の中《なか》でできるので、しつけをしながら、楽《たの》しく犬《いぬ》と遊《あそ》べるようになります。また体《からだ》をやさしくなでて、落《お》ち着《つ》いた気分《きぶん》で飼《か》い主《ぬし》と仲《なか》よくふれあえる「タッチング」も、部屋《へや》の中《なか》でするのにおすすめです。

犬にものを取ってこさせる練習になる遊び

[モッテ、ダセ][モッテコイ]

まずはものをくわえさせる練習《れんしゅう》をしましょう。スワレをさせて、犬用《いぬよう》のダンベルなどくわえやすいものを見《み》せます。

「モッテ」と声《こえ》をかけながら、犬《いぬ》の口《くち》にダンベルをくわえさせ、くわえられたら手《て》を離《はな》します。

「ダセ」といいながら、ダンベルを取《と》りあげます。はじめは取《と》られるのをいやがるので、出《だ》したらすぐにエサをあげて、よくほめてあげましょう。

「モッテ」と「ダセ」がうまくできるようになったら、少《すこ》しはなれた場所《ばしょ》にダンベルを置《お》きます。

「モッテコイ」と声《こえ》をかけ、犬《いぬ》がダンベルをくわえてもどってきたら「ダセ」といいます。うまく口《くち》から出《だ》せたらエサをあげます。なでてほめてあげるのも忘《わす》れないで。これを繰《く》り返《かえ》すうちに、エサがなくても遠《とお》くにあるものも取《と》ってこられるようになります。

天気のいい日は外遊びをしよう

部屋《へや》の中《なか》にいることが多《おお》い犬《いぬ》は、たまには外《そと》で思《おも》いっきり遊《あそ》ばせてあげたいもの。そんなときにいくつか注意《ちゅうい》したいことがあります。

外で自由に遊ぶにはこんなしつけが必要

お庭《にわ》や、犬《いぬ》を放《はな》してもいい施設《しせつ》が近《ちか》くにあったら、ボールなどで遊《あそ》ばせてみましょう。犬《いぬ》の立《た》ち入《い》り禁止《きんし》の公園《こうえん》などで、遊《あそ》ばせてはいけません。

リードを放《はな》して遊《あそ》ぶには、「マテ」「コイ」のしつけ（103、106～107ページ参照《さんしょう》）がきちんとできていなければなりません。まずはしつけをしっかりしておくことがかんじんです。

しつけができていない犬《いぬ》を放《はな》したら、まわりの人《ひと》にめいわくがかかります。ほかの犬《いぬ》とケンカをしたり、小《ちい》さな子《こ》どもにケガをさせたりしたらたいへんです。

またふだんおとなしい犬《いぬ》でも、初《はじ》めて外《そと》で自由《じゆう》に遊《あそ》ぶときは、はしゃいでしまいがちです。ようすを見《み》ながら、少《すこ》しずつ外遊《そとあそ》びにならしていきましょう。

ボール投げや棒とびでいっしょに楽しもう

犬《いぬ》と遊《あそ》ぶときは、リードを放《はな》して勝手《かって》に走《はし》らせるよりも、飼《か》い主《ぬし》といっしょに楽《たの》しめる遊《あそ》びがおすすめです。遊《あそ》んでいるうちに、もっともっと飼《か》い主《ぬし》と犬《いぬ》が仲《なか》よしになれます。

中《なか》でも最初《さいしょ》にやりやすいのは、ボール投《な》げ。これは子犬《こいぬ》のうちからできる遊《あそ》びです。また長《なが》い棒《ぼう》などをジャンプでとびこえる遊《あそ》びも、犬《いぬ》は大好《だいす》き。最初《さいしょ》はごほうびのエサを使《つか》って、遊《あそ》び方《かた》を教《おし》えてあげるといいでしょう。

外ではこんな遊びにトライしてみよう!

[ボール遊《あそ》び]

ボールを投《な》げて犬《いぬ》がキャッチしたら、「コイ」と声《こえ》をかけてボールを持《も》ってこさせます。うまくボールを持《も》ってこられたら、ほめてあげて。最後《さいご》は必《かなら》ず飼《か》い主《ぬし》がボールを取《と》り上《あ》げて、遊《あそ》びを終《お》わらせましょう。

[棒《ぼう》とびジャンプ]

犬《いぬ》に「トベ」と呼《よ》びかけ、犬《いぬ》の前《まえ》に差《さ》し出《だ》した棒《ぼう》をとびこえさせます。最初《さいしょ》は低《ひく》い位置《いち》から始《はじ》め、少《すこ》しずつ高《たか》くしていくのがポイント。片方《かたほう》ができたらもう一方《いっぽう》と、往復《おうふく》でジャンプできるようにしましょう。

なるほどコラム

犬によって好きな遊びはちがう

飼《か》い主《ぬし》が投《な》げたフリスビーをジャンプして、上手《じょうず》に取《と》る犬《いぬ》の姿《すがた》はかっこいいですね。しかしすべての犬《いぬ》が、フリスビーの名犬《めいけん》になれるわけではありません。

フリスビーで遊《あそ》ぶのが大好《だいす》きな犬《いぬ》もいれば、それほど興味《きょうみ》を持《も》たない犬《いぬ》もいます。これは犬《いぬ》の種類《しゅるい》によっても違《ちが》いますが、それぞれの犬《いぬ》の好《この》みにもよるようです。

犬《いぬ》によって好《す》きな遊《あそ》びはいろいろです。中《なか》には水泳《すいえい》や水《みず》遊《あそ》びが好《す》きな犬《いぬ》もいます。あなたの犬《いぬ》がいちばん楽《たの》しそうにする遊《あそ》びを、見《み》つけてあげましょう。

知って得する
ワンワン
情報

しぐさや鳴き声で犬の気持ちをもっと理解しよう

犬《いぬ》はうれしいとき、さびしいときなど、体《からだ》じゅうを使《つか》って気持《きも》ちを表《ひょう》現《げん》します。そんな犬《いぬ》のしぐさが表《あら》わす気持《きも》ちがわかるようになれば、もっと犬《いぬ》が身近《みぢか》に感《かん》じられるようになりますよ。また鳴《な》き声《ごえ》も、いろいろな気持《きも》ちを表《あら》わしています。注意《ちゅうい》して聞《き》いてみましょう。

うれしいとき、ごきげんなときは……

口《くち》をニカッと開《ひら》いて、笑《わら》っているような表情《ひょうじょう》をします。楽《たの》しくてごきげんなときは、ピョンピョン飛《と》んで思《おも》わずはしゃいじゃいます。

あまえたいときは……

体《からだ》を低《ひく》くして人《ひと》を見上《みあ》げ、シッポをブンブンふっているのは、あまえたいときです。また片足《かたあし》をちょこんと上《あ》げて「なでて！」とお願《ねが》いすることもあります。

遊んでほしいとき、お腹をなでてほしいときは……

ゴロンとあお向《む》けになってお腹《なか》を出《だ》すのは、遊《あそ》んでほしい、お腹《なか》をなでてほしいとき。お腹《なか》は犬《いぬ》の体《からだ》の中《なか》で弱《よわ》い部分《ぶぶん》なので、「何《なん》でもいうことを聞《き》きます」という服従《ふくじゅう》の意味《いみ》もあります。

あやしいことがあって、緊張しているときは……

あやしい音《おと》がしたときなど、体《からだ》にピンと力《ちから》を入《い》れて聞《き》き耳《みみ》を立《た》てます。シッポは少《すこ》し垂《た》れ気味《ぎみ》になります。

ちょっと不安なとき、さびしいときは……

ひとりぼっちにされてさびしいとき、いたずらが見《み》つかりそうで不安《ふあん》なときなどは、シッポを力《ちから》なく垂《た》らし、腰《こし》をおとしてオドオドしてしまいます。

こわいことがあったり、驚いたりしたときは……

突然《とつぜん》大《おお》きな音《おと》がしてビックリしたときなどは、体《からだ》を小《ちい》さくして、かたまったようになることも。シッポは足《あし》の間《あいだ》に巻《ま》き込《こ》み、耳《みみ》は後《うし》ろに寝《ね》かせてしまいます。

おこったり、敵を攻撃しようとしているときは……

鼻《はな》にシワをよせて、歯《は》をむき出《だ》します。「ウウ……」とうなりながら、毛《け》を逆立《さかだ》てたら、攻撃《こうげき》しようとしている証拠《しょうこ》です。

鳴き声でわかる犬の気持ち

ワンワン! いちばんよく聞《き》く鳴《な》き声《ごえ》で、いろいろな意味《いみ》があります。何《なに》かに対《たい》して警戒《けいかい》しているとき、飼《か》い主《ぬし》に何《なに》かお願《ねが》いしたいとき、興奮《こうふん》しているときもこの鳴《な》き声《ごえ》です。

クーン、クーン 「ワンワン」よりちょっと弱気《よわき》な「お願《ねが》いしますよ〜」という気持《きも》ちを表《あらわ》しています。

ウウウ…! 鼻《はな》にシワをよせ、歯《は》をむきながらこの声《こえ》を出《だ》したら要注意《ようちゅうい》。相手《あいて》を攻撃《こうげき》しようとしています。

ワオーン! サイレンや音楽《おんがく》に合《あ》わせて、こんなふうに鳴《な》くこともあります。これは群《む》れから離《はな》れた仲間《なかま》に呼《よ》びかける鳴《な》き方《かた》。サイレンなどの音《おと》が仲間《なかま》の声《こえ》に聞《き》こえるので、思《おも》わず鳴《な》いてしまうのです。

⑥

犬の健康を守るためには

～健康管理と病気の予防～

健康チェックを欠かさずに

犬《いぬ》は体《からだ》の調子《ちょうし》が悪《わる》くても、言葉《ことば》で伝《つた》えることができません。飼《か》い主《ぬし》が日頃《ひごろ》から健康《けんこう》をチェックしてあげましょう。

毎日チェックしていると少しの変化でもわかる

犬《いぬ》はとてもがまん強《づよ》い動物《どうぶつ》です。少《すこ》しぐらい苦《くる》しくても、痛《いた》くてもじっとがまんしてしまいます。だからちょっとした体調《たいちょう》の変化《へんか》を、飼《か》い主《ぬし》が察《さっ》してあげることが大切《たいせつ》です。健康《けんこう》チェックの基本《きほん》は次《つぎ》の４項目《こうもく》です。

①食欲《しょくよく》があるか？
②元気《げんき》に動《うご》きまわっているか？
③顔《かお》の表情《ひょうじょう》や動作《どうさ》、毛《け》のつやなど見《み》た目《め》に変化《へんか》はないか？
④体《からだ》に変《か》わったところはないか？（右《みぎ》のページを参考《さんこう》に、体《からだ》の各部《かくぶ》分《ぶん》をチェック）

また急《きゅう》にやせたり、太《ふと》ったりするのも、病気《びょうき》が原因《げんいん》のことがあります。体重《たいじゅう》をときどきはかり、急《きゅう》に増《ふ》えたり減《へ》ったりしていないかをチェックしましょう。

オシッコ、ウンチの変化にも注意しよう

オシッコやウンチの状態《じょうたい》をチェックすることも、病気《びょうき》の発見《はっけん》に役立《やくだ》ちます。健康《けんこう》なときの犬《いぬ》のウンチは、ビニール袋《ぶくろ》を使《つか》って直《ちょく》接便《せつべん》をつまめるぐらいのかたさです。これがグチャグチャしたやわらかいウンチになっていたり、水《みず》っぽくなっていたら要注意《ようちゅうい》です。

オシッコも色《いろ》が赤《あか》くなっていたり、にごっていたりしたら体調《たいちょう》をくずしていることがあります。

こんなときはウンチやオシッコを持《も》って獣医《じゅうい》さんに連《つ》れていきましょう。どんな病気《びょうき》の疑《うたが》いがあるか、獣医《じゅうい》さんの診察《しんさつ》に役立《やくだ》ちます。

健康チェックのポイント

気《き》になることがあったら、すぐに獣《じゅう》医《い》さんに相談《そうだん》したほうがいいのよ。

目
目《め》ヤニが多《おお》く、ウミ状《じょう》になっていないか？

耳
変《へん》なにおいがしたり、汚《よご》れたりしていないか？ 耳《みみ》をよくかいたり、血《ち》が出《で》たり、はれたりしていないか？

鼻
湿《しめ》り気《け》がなく、乾《かわ》いていないか？ 鼻汁《はなじる》が垂《た》れたりしていないか？

毛、皮ふ
毛並《けなみ》はきれいで、脱毛《だつもう》したりしていないか？ かゆがったり、異常《いじょう》になめたりしていないか？

口
歯《は》ぐきや舌《した》は濃《こ》いピンク色《いろ》が正常《せいじょう》。口臭《こうしゅう》がしたり、歯《は》に異常《いじょう》がないかもチェック。

足
足《あし》をひきずったり、変《へん》な歩《ある》き方《かた》をしていないか？ 足《あし》の裏《うら》やつめもチェックしよう。

おしり
地面《じめん》にこすりつけたり、異《い》常《じょう》になめたりしていないか？

体重《たいじゅう》のはかり方《かた》

犬《いぬ》のベスト体重《たいじゅう》は、肥満《ひまん》などがあらわれていない生後《せいご》1年《ねん》ぐらい（成《せい》犬《けん》になったころ）の体重《たいじゅう》をめやすにするといい。

犬《いぬ》だけ体重計《たいじゅうけい》に乗《の》せるのはむずかしいので、体重計《たいじゅうけい》に人《ひと》が犬《けん》をだいて乗《の》る。人《ひと》の体重《たいじゅう》を差《さ》し引《ひ》いて犬《いぬ》の体《たい》重《じゅう》をはかる。

ワン！ポイントアドバイス 藤井先生の

ふだんからタッチングをしていると、犬《いぬ》の体《からだ》をチェックするときに、いやがらずにさわらせてくれます。タッチングは習慣《しゅうかん》にしておきましょう。

年齢に応じた健康管理が大切

人間《にんげん》と同《おな》じで、犬《いぬ》も年《とし》をとると体《からだ》のあちこちに変化《へんか》が出《で》てきます。かかりやすくなる病気《びょうき》もあるので、気《き》をつけてあげましょう。

年をとると体はこんなふうに変わる

犬《いぬ》の寿命《じゅみょう》は犬種《けんしゅ》によってちがいがありますが、だいたい10〜15年《ねん》ぐらいです。子犬《こいぬ》はあっという間《ま》に成長《せいちょう》し、6年《ねん》ぐらいたつと人間《にんげん》の40歳《さい》ぐらいになります。

このころになると体《からだ》の代謝《たいしゃ》や運《うん》動量《どうりょう》が減《へ》ってきます。運動《うんどう》はあまりしなくなったのに、育《そだ》ちざかりのころと同《おな》じように食《た》べていたら、太《ふと》りすぎてしまいます。

また7、8歳《さい》ぐらいになると、体《からだ》のいろんな場所《ばしょ》が少《すこ》しずつ老化《ろうか》してきます。耳《みみ》、目《め》、鼻《はな》も悪《わる》くなってきて、歯《は》ももろくなってきます。なんとなく反応《はんのう》がにぶいなと思《おも》ったら、耳《みみ》や目《め》が悪《わる》くなってきているのかもしれません。

歯槽《しそう》のうろうや、白内障《はくないしょう》、心《しん》臓《ぞう》の病気《びょうき》などにかかる犬《いぬ》も増《ふ》えてきます。体《からだ》に腫瘍《しゅよう》もできやすくなります。7、8歳《さい》になった犬《いぬ》は、定期的《ていきてき》に健康診断《けんこうしんだん》に連《つ》れていくようにしましょう。

犬と人間の年齢を比べてみよう

※犬種《けんしゅ》によってちがいもあるので、だいたいの目安《めやす》です。

犬《いぬ》	1ヵ月《げつ》	3ヵ月《げつ》	6ヵ月《げつ》	1年《ねん》6ヵ月《げつ》	3年《ねん》	6年《ねん》	9年《ねん》	11年《ねん》〜
人間《にんげん》	1歳《さい》	5歳《さい》	9歳《さい》	20歳《さい》	28歳《さい》	40歳《さい》	52歳《さい》	60歳《さい》〜

年をとってきた犬の世話は、こんなことに注意!

1 エサは老齢犬《ろうれいけん》のものに切《き》りかえを

6、7歳《さい》になったら、老齢犬用《ろうれいけんよう》（シニア用《よう》）のドッグフードに切《き》りかえてあげましょう。歯《は》が抜《ぬ》けてきたら固《かた》いものをさけ、ドッグフードをお湯《ゆ》などでやわらかくしてからあげて。食欲《しょくよく》がなくなって一度《ど》に少《すこ》ししか食《た》べられないようなら、食事《しょくじ》の回数《かいすう》を2回《かい》から3回《かい》に増《ふ》やしてみましょう。

2 無理《むり》な運動《うんどう》をさせないようにしよう

運動好きだった犬も、年をとってくるとあまり走《はし》りまわらなくなります。散歩《さんぽ》をいやがるようになる犬《いぬ》もいます。

そんなときは無理《むり》に運動《うんどう》させないで、短《みじか》い時間《じかん》で散歩《さんぽ》に連《つ》れていくようにしましょう。歩《ある》く速《はや》さもゆっくりにしてあげましょう。

3 ハウスをいつも清潔《せいけつ》、快適《かいてき》にしてあげよう

年《とし》をとった犬《いぬ》は若《わか》いときよりも暑《あつ》さ、寒《さむ》さが体《からだ》にこたえるので、気《き》をつけてあげて。特《とく》に暑《あつ》い夏《なつ》が終《お》わり、涼《すず》しくなる秋《あき》は体《からだ》が弱《よわ》りがち。夏《なつ》の疲《つか》れが出《で》ないように、無理《むり》をさせないようにしましょう。

またハウスにいる時間《じかん》が長《なが》くなるので、いつも清潔《せいけつ》で快適《かいてき》に過《す》ごせるようにしてあげましょう。

4 7、8歳《さい》になったら年《ねん》に一度《ど》は健康診断《けんこうしんだん》を

年《とし》をとると、見《み》た目《め》だけでなく、体《からだ》の中《なか》にもさまざまな老化現象《ろうかげんしょう》が起《お》こります。犬《いぬ》は自分《じぶん》で体《からだ》の不調《ふちょう》を伝《つた》えられないので、少《すく》なくとも年《ねん》に1回《かい》、できれば半年《はんとし》に1回《かい》は獣医《じゅうい》さんに連《つ》れていって、健康《けんこう》診断《しんだん》を受《う》けるようにしましょう。

太りすぎは健康の大敵

最近太《さいきんふと》りぎみの犬《いぬ》が増《ふ》えているそうです。太《ふと》りすぎは心臓病《しんぞうびょう》や糖尿病《とうにょうびょう》、関節《かんせつ》の病気《びょうき》などの原因《げんいん》にもなります。気《き》をつけてあげましょう。

こんなことが太りすぎの原因に

あなたはおやつを食《た》べているとき、犬《いぬ》に分《わ》けてあげたりしていませんか？　またドッグフードをあげるとき、すぐにおかわりをあげたり、お肉《にく》をたくさんトッピングしたりしていませんか？

犬《いぬ》は決《き》められた量《りょう》のドッグフードを食《た》べるだけで、十分栄養《じゅうぶんえいよう》がとれます。だからよけいなおやつやエサを食《た》べていると、栄養《えいよう》が多《おお》すぎてしまいます。そして太《ふと》りすぎてしまうのです。

おやつをあげることはコミュニケーションにもなるし、訓練《くんれん》のときにも役《やく》に立《た》ちます。だから「絶《ぜっ》対《たい》あげてはダメ」というわけではありません。どんなおやつをどれぐらいあげるかを考《かんが》えて、けじめをつけることが大事《だいじ》です。

太りすぎは病気を引きおこす

人間《にんげん》も肥満《ひまん》が原因《げんいん》で病気《びょうき》になることが多《おお》いように、犬《いぬ》も太《ふと》りすぎるとさまざまな病気《びょうき》にかかりやすくなります。

太《ふと》りすぎた犬《いぬ》は心臓《しんぞう》に負担《ふたん》がかかって心臓病《しんぞうびょう》になったり、関節《かんせつ》を悪《わる》くしたりしがちです。糖尿《とうにょう》病《びょう》にもかかりやすくなります。また抵抗力《ていこうりょく》が弱《よわ》くなって、感染症《かんせんしょう》にかかりやすくなったりもします。

心臓病《しんぞうびょう》や糖尿病《とうにょうびょう》は命《いのち》にかかわることもある病気《びょうき》です。かわいい犬《いぬ》がいつまでも元気《げんき》でいられるように、体重《たいじゅう》の管理《かんり》をしっかりしてあげましょう。

太りすぎていないか、こんなところをチェック！

① 横《よこ》から見《み》て、お腹《なか》の下側《したがわ》が垂《た》れ下《さ》がっていない？

犬《いぬ》が立《た》っている状態《じょうたい》で、お腹《なか》が垂《た》れ下《さ》がっていたら要注意《ようちゅうい》。

② お腹《なか》を触《さわ》ってみて、肋骨《ろっこつ》があるのがわかる？

前足《まえあし》の付《つ》け根《ね》、わきのあたりから肋骨《ろっこつ》を触《さわ》ってみて、力《ちから》を入《い》れないと肋骨《ろっこつ》がわからないのは太《ふと》り気味《ぎみ》。触《さわ》れないなら太《ふと》りすぎ。

③ 真上《まうえ》から見《み》て、お腹《なか》がふくらんでいない？

犬《いぬ》が立《た》っている状態《じょうたい》で、真上《まうえ》から見《み》てみる。肩《かた》からおしりにかけて少《すこ》しくびれていればＯＫ。お腹《なか》がふくらんで見《み》えるようなら肥満《ひまん》。

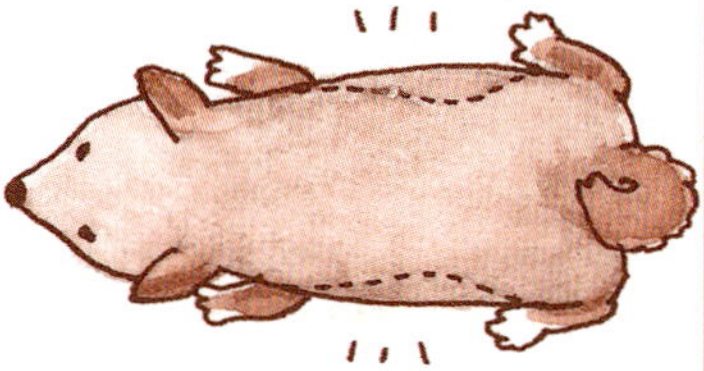

④ 毛《け》の短《みじか》い犬《いぬ》なら、呼吸《こきゅう》をしたときに、うっすらと肋骨《ろっこつ》が見《み》える？

毛《け》の短《みじか》い犬《いぬ》なら、呼吸《こきゅう》したときに肋骨《ろっこつ》が見《み》えるかをチェック。見《み》えないようなら太《ふと》りすぎ。

エサをあげすぎていないか見直そう

太《ふと》りすぎかどうかは、上《うえ》の方法《ほうほう》で調《しら》べます。肥満《ひまん》は１歳《さい》くらいの若《わか》い犬《いぬ》には少《すく》ないので、このころの体重《たいじゅう》を「理想体重《りそうたいじゅう》」として記録《きろく》しておき、ときどき体重《たいじゅう》をはかってチェックするのもいいでしょう。

太《ふと》りすぎだなと思《おも》ったら、まず食事《しょくじ》を見直《みなお》しましょう。エサはドライタイプのドッグフードだけにします。量《りょう》も今《いま》までの３分《ぶん》の２くらいにおさえてください。

「運動《うんどう》させれば、やせるんじゃないの？」と思《おも》う人《ひと》もいるでしょう。しかし太《ふと》った体《からだ》で、無理《むり》に運動《うんどう》をすると、心臓《しんぞう》や足腰《あしこし》によけいな負《ふ》担《たん》がかかります。体《からだ》をよくするどころか、悪《わる》くしてしまうこともあるので、やめましょう。太《ふと》りすぎの原因《げんいん》は、食《た》べすぎです。

伝染病から愛犬を守ろう

犬《いぬ》の伝染病《でんせんびょう》には、命《いのち》にかかわる危険《きけん》な病気《びょうき》もあります。ワクチンの接種《せっしゅ》でほとんどの伝染《でんせん》病《びょう》が予防《よぼう》できるので、必《かなら》ず受《う》けさせましょう。

伝染病の予防接種は飼い主の大切な義務

犬《いぬ》は細菌《さいきん》やウイルスが原因《げんいん》で、伝染病《でんせんびょう》にかかることがあります。しかしワクチンの接種《せっしゅ》などで防《ふせ》げる伝染病《でんせんびょう》も多《おお》いのです（右《みぎ》ページ参照《さんしょう》）。ワクチンには単独《たんどく》のものと、5、7、8、9種《しゅ》の混合《こんごう》タイプがあります。ふつう狂犬病《きょうけんびょう》以外《いがい》は、混合《こんごう》タイプで予防《よぼう》します。

狂犬病《きょうけんびょう》については、予防接種《よぼうせっしゅ》が義務《ぎむ》になっています。そのほかのワクチンも動物病院《どうぶつびょういん》で受《う》けられます。万《まん》が一《いち》あなたの犬《いぬ》が伝染《でんせん》病《びょう》にかかったら、その犬《いぬ》がかわいそうなだけではありません。ほかの犬《いぬ》にうつったり、中《なか》には人間《にんげん》にうつる病気《びょうき》もあり、まわりにめいわくをかけてしまいます。

予防接種は定期的に受けることが大切

子犬《こいぬ》は母親《ははおや》のおっぱいを飲《の》むことで、病気《びょうき》に対《たい》する免疫《めんえき》をつけます。しかし2ヵ月《げつ》ごろにはお母《かあ》さんからもらった免疫《めんえき》が切《き》れるので、このころに第《だい》1回目《かいめ》のワクチン接種《せっしゅ》をします。

ワクチンは定期的《ていきてき》に受《う》けないと免疫《めんえき》が切《き》れてしまうので、必《かなら》ず決《き》められた期間《きかん》ごとに予防接種《よぼうせっしゅ》を受《う》けるようにしましょう。

ワクチンや薬で予防できる伝染病

◆狂《きょう》犬《けん》病《びょう》

[主《おも》な症《しょう》状《じょう》] 狂犬病《きょうけんびょう》ウイルスが原因《げんいん》で、かかると狂暴《きょうぼう》な状態《じょうたい》になり、何《なん》にでもかみつこうとする。人《ひと》にもうつり、発症《はっしょう》するとほぼ100パーセント死亡《しぼう》してしまう。日本《にほん》では何十年《なんじゅうねん》も発生《はっせい》していないが、世界各地《せかいかくち》でまだ発生《はっせい》している。

[予防法《よぼうほう》] 狂犬病《きょうけんびょう》の予防接種《よぼうせっしゅ》。

◆ジステンパー

[主《おも》な症状《しょうじょう》] 感染力《かんせんりょく》が強《つよ》く、感染《かんせん》した犬《いぬ》だけでなく、食器《しょっき》などからもうつる。発熱《はつねつ》やはげしいセキ、お腹《なか》をこわすなどの症状《しょうじょう》が見《み》られ、進行《しんこう》すると神経《しんけい》がおかされてしまうことも。1歳以下《さいいか》の子犬《こいぬ》に多《おお》い。

[予防法《よぼうほう》] 混合《こんごう》ワクチンの接種《せっしゅ》。

◆犬伝染性肝炎《いぬでんせんせいかんえん》／犬《いぬ》アデノウイルス2型感染症《がたかんせんしょう》

[主《おも》な症状《しょうじょう》] 犬《いぬ》アデノウイルス1型《がた》と2型《がた》の2種類《しゅるい》の病原体《びょうげんたい》がある。かかっている犬《いぬ》のオシッコやウンチ、よだれなどから感染《かんせん》する。1型《がた》は主《おも》に肝臓《かんぞう》がおかされ、2型《がた》では肺炎《はいえん》やへんとう腺炎《せんえん》などの呼吸器《こきゅうき》の病気《びょうき》を起《お》こす。

[予防法《よぼうほう》] 混合《こんごう》ワクチンの接種《せっしゅ》。

◆犬《いぬ》パルボウイルス感染症《かんせんしょう》

[主《おも》な症状《しょうじょう》] お腹《なか》をこわし、血《ち》の混《ま》じったウンチをする、吐《は》くなどの症状《しょうじょう》が見《み》られる。とても伝染力《でんせんりょく》の強《つよ》い病気《びょうき》で死亡率《しぼうりつ》が高《たか》い。

[予防法《よぼうほう》] 混合《こんごう》ワクチンの接種《せっしゅ》、または単体《たんたい》のワクチンの接種《せっしゅ》。

◆犬《いぬ》パラインフルエンザウイルス感染症《かんせんしょう》

[主《おも》な症状《しょうじょう》] セキやクシャミによる空気感染《くうきかんせん》でうつる。気管支炎《きかんしえん》、肺炎《はいえん》などの症状《しょうじょう》が現《あらわ》れる。

[予防法《よぼうほう》] 混合《こんごう》ワクチンの接種《せっしゅ》、または単体《たんたい》のワクチンの接種《せっしゅ》。

◆レプトスピラ症《しょう》

[主《おも》な症状《しょうじょう》] 菌《きん》をもつ犬《いぬ》やねずみなどのオシッコ、食《た》べ物《もの》、傷口《きずぐち》などからうつる。腎臓《じんぞう》や肝臓《かんぞう》がおかされる。人《ひと》にうつることも。

[予防法《よぼうほう》] 混合《こんごう》ワクチンの接種《せっしゅ》。

◆フィラリア症《しょう》

[主《おも》な症状《しょうじょう》] 蚊《か》によってうつり、心臓《しんぞう》や肺《はい》の血管《けっかん》の中《なか》にフィラリアが寄生《きせい》して起《お》こる病気《びょうき》。セキが出《で》たり、体重《たいじゅう》が減《へ》ったりする。また毛《け》が抜《ぬ》けたり、失神《しっしん》、腹水《ふくすい》などがたまりお腹《なか》がふくらむこともある。

[予防法《よぼうほう》] 予防薬《よぼうやく》を飲《の》ませる。

犬がかかりやすい こんな病気に注意

犬《いぬ》は犬種《けんしゅ》や体格《たいかく》によって、かかりやすい病気《びょうき》がさまざまです。よく見《み》られる病気《びょうき》とその症《しょう》状《じょう》、治療法《ちりょうほう》などを知《し》っておきましょう。

体の特徴によってかかりやすい病気がある

犬《いぬ》の病気《びょうき》には、目《め》や耳《みみ》の病気《びょうき》、皮《ひ》ふの病気《びょうき》、心臓《しんぞう》や消化器《しょうかき》の病気《びょうき》、骨《ほね》や関節《かんせつ》の病気《びょうき》など、いろいろなものがあります。

そして犬種《けんしゅ》や体《からだ》の大《おお》きさ（大型《おおがた》犬《けん》、中型犬《ちゅうがたけん》、小型犬《こがたけん》）、年齢《ねんれい》、性《せい》別《べつ》、飼《か》われている環境《かんきょう》（部屋《へや》の中《なか》か外《そと》か）などで、かかりやすい病気《びょうき》もちがってきます。

たとえば耳《みみ》がたれたプードルやコッカー・スパニエルなどは、耳《みみ》の病気《びょうき》にかかりやすいといわれています。しかし耳《みみ》がたれた犬《いぬ》だから、必《かなら》ず耳《みみ》の病気《びょうき》にかかるわけではありません。ふだんから注意《ちゅうい》して、こまめに耳《みみ》そうじをしてあげれば、病気《びょうき》は防《ふせ》げます。

1歳ぐらいまでの子犬と年をとった犬は特に注意

体《からだ》がしっかりできていない1歳《さい》に満《み》たない子犬《こいぬ》や、逆《ぎゃく》に年《とし》をとった7歳《さい》ぐらいからの犬《いぬ》は、特《とく》に病《びょう》気《き》に気《き》をつけてあげたいものです。

子犬《こいぬ》は骨《ほね》がしっかりしていないので、骨折《こっせつ》や脱臼《だっきゅう》に気《き》をつけてあげましょう。また体温《たいおん》の調整《ちょうせい》もうまくできないので、ちょっとした気温《きおん》の変化《へんか》で体調《たいちょう》をくずすこともあります。

また年《とし》をとった犬《いぬ》は、体《からだ》の機能《きのう》がおとろえてきて、病気《びょうき》に対《たい》する抵抗力《ていこうりょく》も弱《よわ》くなってくるので、いろいろな病気《びょうき》にかかりやすくなります。特《とく》に糖尿病《とうにょうびょう》や心臓病《しんぞうびょう》、白内障《はくないしょう》（目《め》の病気《びょうき》）、ガン、歯肉《しにく》炎《えん》などが多《おお》く見《み》られます。

よく見られる皮ふと耳の病気

犬《いぬ》の体《からだ》は、長《なが》い短《みじか》いのちがいはありますが、全身《ぜんしん》を毛《け》でおおわれています。そのため、皮《ひ》ふのトラブルは多《おお》く見《み》られます。アレルギー性《せい》の皮《ひ》ふ炎《えん》などにかかる犬《いぬ》も多《おお》いので、気《き》をつけましょう。

また耳《みみ》がたれた犬種《けんしゅ》や、耳《みみ》の中《なか》のひだが大《おお》きい犬種《けんしゅ》は、耳《みみ》の中《なか》が蒸《む》れやすいため、細菌《さいきん》に感染《かんせん》しやすいです。定期的《ていきてき》に耳《みみ》をそうじしてあげましょう。

アレルギー性《せい》皮《ひ》ふ炎《えん》

◆こんな症《しょう》状《じょう》

皮《ひ》ふに赤《あか》みやかゆみが出《で》て、さらに悪《わる》くなると毛《け》が抜《ぬ》けてしまうこともあります。犬《いぬ》がかゆがってひどくかくので、早《はや》めに気《き》づいてあげることが大切《たいせつ》。症状《しょうじょう》は体《からだ》全《ぜん》体《たい》に出《で》ますが、とくにかゆみが出《で》やすいのは耳《みみ》、顔《かお》、わきの下《した》、お腹《なか》、内《うち》またなどです。

◆原因《げんいん》と治療《ちりょう》法《ほう》

人間《にんげん》のアレルギーと同《おな》じく、ノミ、ダニ、ホコリ、特定《とくてい》の食《た》べ物《もの》などがアレルゲン（アレルギーの原因《げんいん》になるもの）となります。土《つち》の上《うえ》を歩《ある》く機会《きかい》が少《すく》ない都会《とかい》で飼《か》われている犬《いぬ》に、多《おお》く見《み》られるといわれます。

病院《びょういん》ではアレルギー犬用《けんよう》の食《しょく》事《じ》や薬《くすり》などを使《つか》って、治療《ちりょう》をすすめていきます。家《いえ》ではノミやダニなどが皮《ひ》ふにつかないようにすることも大切《たいせつ》です。

外耳炎《がいじえん》

◆こんな症《しょう》状《じょう》

いやなにおいがする黄色《きいろ》や茶褐《ちゃかっ》色《しょく》のねばねばした耳《みみ》あかが、耳《みみ》の入《い》り口《ぐち》のあたりにたまります。ふきとってもすぐに出《で》てきて、ひどくなると耳《みみ》が赤《あか》くはれ、ただれてきます。かゆみのために耳《みみ》をふったり、後《うし》ろ足《あし》でかいたりします。

◆原因《げんいん》と治療《ちりょう》法《ほう》

耳《みみ》がたれている犬《いぬ》は、耳《みみ》の中《なか》が蒸《む》れやすく、外耳炎《がいじえん》になりやすいようです。アレルギーが原因《げんいん》の場《ば》合《あい》と、細菌《さいきん》やカビが原因《げんいん》になる場《ば》合《あい》があります。治療《ちりょう》は薬《くすり》でします。

耳《みみ》をウェットティッシュなどできれいにしてあげると予防《よぼう》になりますが、ふきすぎもよくありません。汚《よご》れが目立《めだ》ったらすぐに獣医《じゅうい》さんに診察《しんさつ》してもらいましょう。

よく見られる目の病気

目《め》の病気《びょうき》は遺伝《いでん》が原因《げんいん》で起《お》こることが多《おお》く、犬種《けんしゅ》によってかかりやすい病気《びょうき》があります。たとえばシーズーやパグ、ボクサーなどの顔《かお》の短《みじか》い犬《いぬ》は角膜炎《かくまくえん》になりやすく、プードルやチワワ、ゴールデン・レトリーバーやシェットランド・シープ・ドッグなどは白内障《はくないしょう》になりやすいようです。

角膜炎《かくまくえん》

◆こんな症状《しょうじょう》

角膜《かくまく》という眼球《がんきゅう》を守《まも》っている透明《とうめい》な膜《まく》に炎症《えんしょう》が起《お》こり、はげしく痛《いた》みます。目《め》のあたりを前足《まえあし》でかいたり、どこかにこすりつけたりします。涙《なみだ》や目《め》ヤニが出《で》たり、まぶたがはれることもあります。

◆原因《げんいん》と治療法《ちりょうほう》

目《め》のまわりの毛《け》やまつげで刺激《しげき》を受《う》けた、シャンプーが目《め》に入《はい》った、犬《いぬ》どうしのケンカで傷《きず》ついたなどの原因《げんいん》が考《かんが》えられます。またアレルギーや感染症《かんせんしょう》が原因《げんいん》で起《お》こることもあります。原因《げんいん》によって治療《ちりょう》はいろいろですが、手術《しゅじゅつ》が必要《ひつよう》なこともあります。

白内障《はくないしょう》

◆こんな症状《しょうじょう》

目《め》の中《なか》の水晶体《すいしょうたい》が部分的《ぶぶんてき》、または全体《ぜんたい》に白《しろ》っぽくにごっていきます。視力《しりょく》が落《お》ちてくるので、何《なに》かにぶつかったり、よろよろ歩《ある》くようになります。病気《びょうき》が進《すす》むと、目《め》が見《み》えなくなってしまうことも。

◆原因《げんいん》と治療法《ちりょうほう》

6歳未満《さいみまん》でかかった場合《ばあい》は、糖尿病《とうにょうびょう》などの内科《ないか》の病気《びょうき》が原因《げんいん》だったり、生《う》まれつきかかりやすい体質《たいしつ》だった場合《ばあい》が多《おお》いようです。

6歳以上《さいいじょう》で少《すこ》しずつ病気《びょうき》が進《すす》んでいる場合《ばあい》は、老化《ろうか》によるものです。中毒《ちゅうどく》やケガが原因《げんいん》のことも。

手術《しゅじゅつ》して治《なお》る場合《ばあい》もありますが、またかかってしまうことも多《おお》いようです。

正常な目

白内障の目

緑内障《りょくないしょう》

◆こんな症状《しょうじょう》

眼球《がんきゅう》の中《なか》には房水《ぼうすい》と呼《よ》ばれる水《みず》が、いつも決《き》まった量《りょう》だけ入《はい》っています。しかし何《なに》かの原因《げんいん》でこの房水《ぼうすい》が外《そと》に出《で》なくなってしまうと、眼球《がんきゅう》の中《なか》の圧《あつ》（眼圧《がんあつ》）が上《あ》がり、目《め》がはれたように大《おお》きくみえます。病気《びょうき》が進《すす》むと、目《め》が見《み》えなくなってしまう危険《きけん》もあります。

◆原因《げんいん》と治療法《ちりょうほう》

生《う》まれつきかかりやすい犬種《けんしゅ》があります。ゴールデン・レトリーバー、シベリアン・ハスキー、アメリカン・コッカー・スパニエルなどがそうです。目《め》に炎症《えんしょう》が起《お》きたり、傷《きず》ついたりしたことが原因《げんいん》でなることもあります。

症状《しょうじょう》が軽《かる》いうちなら薬《くすり》で治療《ちりょう》しますが、重《おも》くなるとむずかしい手術《しゅじゅつ》が必要《ひつよう》になってしまいます。

よく見られる歯・口の病気

犬《いぬ》の歯《は》の病気《びょうき》は、歯《は》みがきなどの手入《てい》れで、かなり防《ふせ》げます。ふだんから口《くち》の中《なか》をよく見《み》て、何《なに》かかわったことがあったら、獣医《じゅうい》さんにみてもらうようにしましょう。

歯周病《ししゅうびょう》（歯肉炎《しにくえん》、歯周炎《ししゅうえん》など）

◆こんな症状《しょうじょう》

歯《は》のつけ根《ね》のまわりの肉《にく》（歯肉《しにく》）が赤《あか》くはれ、よだれや口《くち》のにおいがひどくなります。病気《びょうき》が進《すす》むと、歯《は》がグラグラして抜《ぬ》けてしまうことも。

上《うわ》あごの歯《は》が重《おも》い歯周病《ししゅうびょう》におかされると、くしゃみや鼻水《はなみず》、うみ、鼻血《はなぢ》が出《で》ることがあります。

正常

歯石がたまってしまった歯

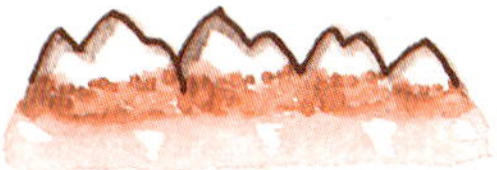

◆原因《げんいん》と治療法《ちりょうほう》

細菌《さいきん》や歯石《しせき》（食《た》べ物《もの》のカスが歯《は》にたまり、よだれの中《なか》のカルシウム分《ぶん》などが歯《は》の表面《ひょうめん》にくっついたもの）などが原因《げんいん》です。細菌《さいきん》や歯石《しせき》を防《ふせ》ぐために、日《ひ》ごろから歯《は》みがきなどの手入《てい》れをすることが大切《たいせつ》です（91ページ参照《さんしょう》）。

治療《ちりょう》は殺菌《さっきん》したり、歯石《しせき》を取《と》りのぞいたりします。ひどくなると、歯《は》を抜《ぬ》くこともあります。

よく見られる骨・関節の病気

犬《いぬ》には遺伝《いでん》によって起《お》こる、骨《ほね》や関節《かんせつ》の病気《びょうき》が多《おお》く見《み》られます。しかしかたよった食事《しょくじ》が、骨《ほね》や関《かん》節《せつ》に悪《わる》い影響《えいきょう》をおよぼすこともあります。特《とく》に育《そだ》ちざかりの子犬《こいぬ》にバランスの悪《わる》い食事《しょくじ》をあげていると、骨《ほね》や関節《かんせつ》の弱《よわ》い犬《いぬ》になってしまうことも。気《き》をつけましょう。

股関節形成不全《こかんせつけいせいふぜん》

◆こんな症状《しょうじょう》

子犬《こいぬ》のときに腰《こし》が抜《ぬ》けたようになったり、歩《ある》くときに腰《こし》をふらふら左右《さゆう》にゆらすようにしたりします。遺伝《いでん》が原因《げんいん》だといわれていますが、原因《げんいん》の約30パーセントは飼《か》われている環境《かんきょう》によるものです。

エサをあげすぎて小《ちい》さいうちから体重《たいじゅう》が増《ふ》えすぎると、股関節《こかんせつ》の骨《ほね》や軟骨《なんこつ》に負担《ふたん》をかけてしまいます。そして骨《ほね》を変形《へんけい》させてしまうことに。ゴールデン・レトリーバーやラブラドール・レトリーバーなどの大型犬《おおがたけん》に多《おお》く見《み》られます。

治療《ちりょう》しないで放《ほう》っておくと、関《かん》節炎《せつえん》や関節《かんせつ》の変形《へんけい》、脱臼《だっきゅう》なども起《お》こります。

◆原因《げんいん》と治療法《ちりょうほう》

早《はや》めに発見《はっけん》すれば、栄養《えいよう》を与《あた》えたり、筋肉《きんにく》をつける運動《うんどう》などで悪《あっ》化《か》を防《ふせ》ぐことができます。しかし遺伝《いでん》が強《つよ》い場合《ばあい》は、治療《ちりょう》がむずかしいことも。まずは獣医《じゅうい》さんに相《そう》談《だん》しましょう。

膝蓋骨脱臼《しつがいこつだっきゅう》

◆こんな症状《しょうじょう》

ポメラニアンなどの小型犬《こがたけん》に多《おお》い病気《びょうき》。遺伝《いでん》のためにひざのお皿《さら》がはずれやすくなり、脱臼《だっきゅう》してしまいます。足《あし》を引《ひ》きずって3本《ぼん》足《あし》で歩《ある》いたりしたら要注意《ようちゅうい》です。

◆原因《げんいん》と治療法《ちりょうほう》

お皿《さら》が外《はず》れても、もとに戻《もど》ることが多《おお》いです。それで不都合《ふつごう》がなければいいのですが、放《ほう》っておくとどんどん悪《わる》くなっていきます。歩《ある》き方《かた》がおかしいなと思《おも》ったら、すぐに診察《しんさつ》を受《う》けさせましょう。

人間にうつる犬の病気

犬《いぬ》が感染《かんせん》する病気《びょうき》の中《なか》には、人間《にんげん》にうつるものもあります。犬《いぬ》と遊《あそ》んだ後《あと》は必《かなら》ず手《て》を洗《あら》う、犬《いぬ》と同《おな》じ食器《しょっき》で食事《しょくじ》をしないなど、いくつかのルールを守《まも》れば安全《あんぜん》です。

狂犬病《きょうけんびょう》

病気《びょうき》にかかっている犬《いぬ》にかまれることでうつります。かかると脳《のう》がおかされ、死《し》んでしまうこともあります。しかし日本《にほん》ではワクチンの接種《せっしゅ》が義務《ぎむ》づけられていて、ここ40年《ねん》以上《いじょう》発生《はっせい》していません。

カンピロバクター

子犬《こいぬ》の下痢《げり》の中《なか》の細菌《さいきん》が原因《げんいん》。フンをさわった手《て》で物《もの》を食《た》べたりするとうつります。

小《ちい》さな子《こ》どもやお年寄《としよ》りがかかると、お腹《なか》をこわすことがあります。

皮《ひ》ふ真菌症《しんきんしょう》

真菌《しんきん》（カビ）が原因《げんいん》で起《お》きる皮《ひ》ふ炎《えん》。犬《いぬ》とふれることが多《おお》い首《くび》、腕《うで》、足《あし》などが輪《わ》っかのように赤《あか》くはれたりします。予防《よぼう》のために、犬《いぬ》を清潔《せいけつ》に飼《か》いましょう。

なるほどコラム

繁殖させないなら去勢、避妊手術を

子犬《こいぬ》を増《ふ》やす予定《よてい》がないなら、去勢《きょせい》、避妊手術《ひにんしゅじゅつ》を受《う》けさせてもいいでしょう。特《とく》にオスは、去勢《きょせい》すると攻撃的《こうげきてき》な性格《せいかく》がおさまり、おだやかで飼《か》いやすい犬《いぬ》になります。

また去勢《きょせい》や避妊手術《ひにんしゅじゅつ》をすると、メスは子宮《しきゅう》、卵巣《らんそう》などの病気《びょうき》の予防《よぼう》に役立《やくだ》ちます。オスは前立腺《ぜんりつせん》の病気《びょうき》や肛門《こうもん》のまわりの腫瘍《しゅよう》などが予防《よぼう》できます。生後半年《せいごはんとし》から7、8カ月くらいまでに手術《しゅじゅつ》すると、これらの病気《びょうき》の予防《よぼう》に効果《こうか》があります。もちろんそれより後《あと》でもできますが、なるべく早《はや》いほうがいいでしょう。家族《かぞく》でよく話《はな》し合《あ》って、決《き》めましょう。

事故やケガの応急手当ての方法

犬《いぬ》は病気《びょうき》のほかにも、事故《じこ》に巻《ま》き込《こ》まれてケガをすることがあります。いざというときのために、対処法《たいしょほう》を覚《おぼ》えておきましょう。

小さな異物を飲みこんでしまった

犬《いぬ》は人間《にんげん》の家《いえ》の中《なか》にあるものにとても興味《きょうみ》があります。何《なん》でも飲《の》みこもうとしてしまうので、犬《いぬ》の届《とど》く場所《ばしょ》に飲《の》みこむと危《あぶ》ないものを置《お》かないことが大事《だいじ》です。

ゴルフボール、竹《たけ》のくし、大《おお》きな果物《くだもの》の種《たね》、ひもなどは飲《の》みこむと特《とく》に危険《きけん》です。一度《いちど》異物《いぶつ》を飲《の》みこむと、繰《く》り返《かえ》し飲《の》みこむことが多《おお》いので、注意《ちゅうい》しましょう。

飲《の》みこんでしまった場合《ばがっ》は、犬《いぬ》の上《うわ》あごをつかんで口《くち》を開《あ》け、舌《した》を引《ひ》き出《だ》してのどを見《み》ます。異物《いぶつ》がつかえていたら、ピンセットなどで取《と》り出《だ》します。完全《かんぜん》に飲《の》みこんでしまった場合《ばあい》は、動物病院《どうぶつびょういん》へすぐに連《つ》れていきましょう。

電気のコードをかじって感電した

犬《いぬ》が電気《でんき》コードをかじって、感《かん》電《でん》してしまうことがあります。特《とく》に好奇心《こうきしん》が強《つよ》い子犬《こいぬ》に多《おお》い事故《じこ》です。感電《かんでん》するとショックのために心臓《しんぞう》が止《と》まったり、くちびるをやけどすることもあるので、とても危険《きけん》。

もしも感電《かんでん》してしまったら、まず犬《いぬ》の体《からだ》にふれないように注意《ちゅうい》して電源《でんげん》をぬきます。感電《かんでん》した犬《いぬ》の体《からだ》にふれると、人間《にんげん》も感電《かんでん》してし

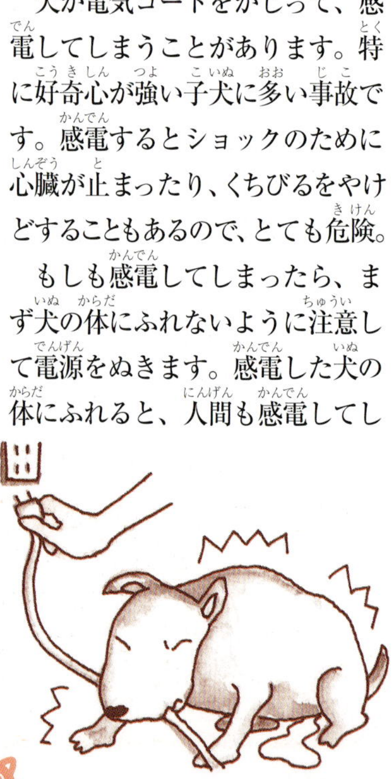

まうからです。回復《かいふく》したように見《み》えても数時間後《すうじかんご》にショックがおこることがあるので、必《かなら》ず病院《びょういん》へ連《つ》れていきましょう。予防《よぼう》のためにも、犬《いぬ》から目《め》をはなすときは、ハウスに入《い》れましょう。

暑い日に車の中に置いていたら、ぐったりした

長《なが》い時間暑《じかんあつ》い場所《ばしょ》にいると、犬《いぬ》は熱射病《ねっしゃびょう》にかかります。犬《いぬ》は人間《にんげん》のように汗《あせ》をかいて体温《たいおん》を調節《ちょうせつ》することができないので、体《からだ》に熱《ねつ》がこもりやすいのです。

すぐに治療《ちりょう》しないと、命《いのち》にかかわる場合《ばあい》が少《すく》なくありません。すぐに風通《かぜとお》しのいい日《ひ》かげなどに運《はこ》び、体全体《からだぜんたい》に水《みず》をかけ、頭《あたま》を氷《こおり》などで冷《ひ》やし、病院《びょういん》に運《はこ》びましょう。

やけどをしてしまった

やけどの原因《げんいん》はいろいろです。また軽《かる》いやけどから重《おも》いやけどまで、症状《しょうじょう》もさまざまです。

しかし犬《いぬ》は毛《け》におおわれているので、人間《にんげん》のようにはっきりやけどした部分《ぶぶん》が見《み》えません。軽《かる》いと思《おも》っていても、実《じつ》はかなりのひどいやけどをしていることも。まずは十分《じゅうぶん》に冷《ひ》やして、すぐに獣医《じゅうい》さんにみてもらいましょう。

中毒を起こしてしまった

33ページで紹介《しょうかい》したように、犬《いぬ》には中毒《ちゅうどく》を起《お》こすものがいろいろあります。万《まん》が一中毒《いちちゅうどく》を起《お》こす危険《きけん》のあるものを口《くち》にしたり、さわったりしたら、すぐに飲《の》み込《こ》んだものをはき出《だ》させたり、さわった場所《ばしょ》を洗《あら》ったりしましょう。

ただし灯油《とうゆ》、トイレ用《よう》の洗剤《せんざい》、漂白剤《ひょうはくざい》などは、はかせようとするとかえって危険《きけん》なので、すぐに動物病院《どうぶつびょういん》へ連《つ》れていきましょう。

藤井先生のワン! ポイントアドバイス

家《いえ》の中《なか》で放《はな》し飼《が》いにしていると、目《め》の届《とど》かない場所《ばしょ》で危険《きけん》ないたずらをすることも。犬《いぬ》の安全《あんぜん》のためにも、ハウスのしつけは大切《たいせつ》なのです。

病気のときの世話のしかた

犬《いぬ》が病気《びょうき》になったら、信頼《しんらい》できる獣医《じゅうい》さんにみてもらいましょう。家《いえ》では獣医《じゅうい》さんの指示《しじ》にしたがい、やさしく看病《かんびょう》してあげましょう。

信頼できる主治医を探しておこう

犬《いぬ》をみてくれる獣医《じゅうい》さんは、ほかのペットにくらべると数《かず》も多《おお》くて充実《じゅうじつ》しています。子犬《こいぬ》を飼《か》い始《はじ》めたらすぐに、主治医《しゅじい》の先生《せんせい》を見《み》つけておきましょう。家《いえ》からあまり遠《とお》くなくて、行《い》きやすい場所《ばしょ》にある動物病院《どうぶつびょういん》がいちばんです。

あなたの家《いえ》の犬《いぬ》のことをよくわかってくれて、こまったことがあったらいつでも相談《そうだん》できる先生《せんせい》がいると心強《こころづよ》いものです。具合《ぐあい》が悪《わる》くないときでも、年《ねん》1回《かい》の予防《よぼう》接種《せっしゅ》や、年《とし》をとったら健康診断《けんこうしんだん》など、獣医《じゅうい》さんのお世話《せわ》になることは何《なに》かと多《おお》いのです。お父《とう》さんやお母《かあ》さんと相談《そうだん》して、いい病院《びょういん》を見《み》つけましょう。

病院へ連れていくときはこんなことに注意

「どこか具合《ぐあい》が悪《わる》いのかな？」と思《おも》ったら、いつもとどこがちがうのかをしっかり観察《かんさつ》して、獣医《じゅうい》さんにちゃんと説明《せつめい》できるようにしておきます。体温《たいおん》や呼吸数《こきゅうすう》、脈《みゃく》拍数《はくすう》などをはかっておくと、参考《さんこう》になります。またウンチやオシッコの色《いろ》などがいつもとちがっていたら、それも持《も》っていくと診察《しんさつ》に役立《やくだ》ちます。

病院《びょういん》へ行《い》く前《まえ》には、予約《よやく》の電《でん》話《わ》をしておいたほうがいいでしょう。どんなようすかをきちんと話《はな》しておきましょう。具合《ぐあい》が悪《わる》いと、犬《いぬ》も心細《こころぼそ》くなりがちです。ハウスに入《い》れて病院《びょういん》まで連《つ》れていってあげると、安心《あんしん》します。

体温、呼吸数、脈拍数のはかり方

体温《たいおん》、呼吸数《こきゅうすう》、脈拍数《みゃくはくすう》のめやす

	幼犬《ようけん》	成犬《せいけん》
体温《たいおん》（直腸温《ちょくちょうおん》）	38.2〜39度《ど》	38〜38.5度《ど》
呼吸数《こきゅうすう》（1分《ぷん》）	12〜35回《かい》	10〜30回《かい》
脈拍数《みゃくはくすう》（1分《ぷん》）	100〜200回《かい》	70〜120回《かい》

ふつう、体温《たいおん》、呼吸数《こきゅうすう》、脈拍数《みゃくはくすう》とも、成犬《せいけん》（1歳以上《さいいじょう》のおとなになった犬《いぬ》）よりも幼犬《ようけん》（1歳以下《さいいか》の子《こ》どもの犬《いぬ》）のほうが数値《すうち》が高《たか》い。また大型犬《おおがたけん》より小《こ》型犬《がたけん》のほうが数値《すうち》が高《たか》い。

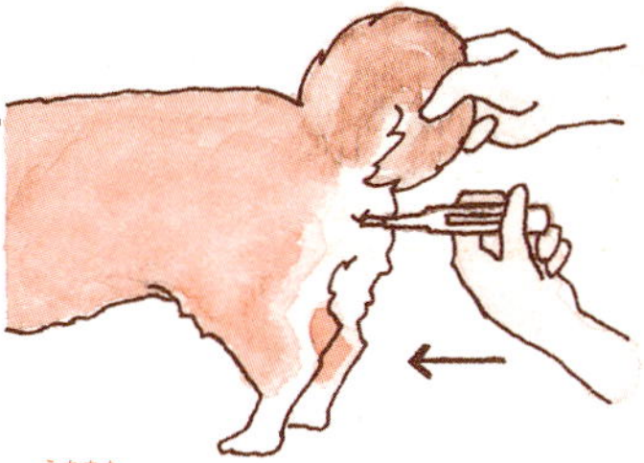

体温《たいおん》のはかり方《かた》

●肛門《こうもん》ではかる（直腸温《ちょくちょうおん》）

この方法《ほうほう》がいちばん正確《せいかく》にはかれる。体温計《たいおんけい》の先《さき》にベビーオイルなどをぬって、犬《いぬ》のしっぽを持《も》ち上《あ》げて、体温計《たいおんけい》の温度《おんど》をはかる部分《ぶぶん》がかくれるまで、ゆっくり肛門《こうもん》に差《さ》しこもう。

※日《ひ》ごろから犬《いぬ》をよくさわっていると、耳《みみ》や内《うち》またをさわっただけで、体温《たいおん》が高《たか》いのがわかる。さわってみて高《たか》いなと思《おも》ったら、体温計《たいおんけい》で正確《せいかく》にはかろう。

●内股《うちまた》ではかる

寝《ね》かせたりだいたりした状態《じょうたい》で、後《うし》ろ足《あし》のももの内側《うちがわ》とお腹《なか》の部分《ぶぶん》に体温計《たいおんけい》がしっかりくっつくように、足《あし》を外側《そとがわ》から押《お》しつけてはかる。

呼吸数《こきゅうすう》のはかり方《かた》

肋骨《ろっこつ》やお腹《なか》がふくらむ数《かず》を、犬《いぬ》が静《しず》かにしている状態《じょうたい》で1分間《ぷんかん》数《かぞ》えてみよう。健康《けんこう》な犬《いぬ》でも、運動《うんどう》したり、興奮《こうふん》したりすると呼吸数《こきゅうすう》は増《ふ》える。

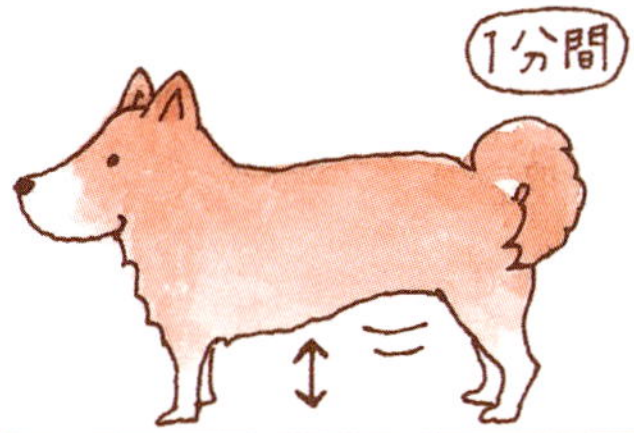

脈拍《みゃくはく》のはかり方《かた》

後《うし》ろ足《あし》のつけ根《ね》にある動脈《どうみゃく》に軽《かる》く手《て》をあてて、1分間脈拍《ぷんかんみゃくはく》をはかる。2、3分《ぷん》はかって平均《へいきん》した値《あたい》を出《だ》せば、より正《ただ》しい数値《すうち》に近《ちか》くなる。

犬に薬をあげるときのやり方

いやがる犬《いぬ》に無理《むり》に薬《くすり》を飲《の》ませようとすると、なかなかうまくいきません。うまくできないようなら、主治医《しゅじい》の先生《せんせい》にお手本《てほん》を見《み》せてもらいましょう。

錠剤《じょうざい》、カプセルの飲《の》ませ方《かた》

①親指《おやゆび》と人差《ひとさ》し指《ゆび》が犬歯《けんし》の後《うし》ろにくるように、上《うわ》あごをつかんで持《も》ち上《あ》げる②片方《かたほう》の手《て》で下《した》あごを押《お》し下《さ》げ、錠剤《じょうざい》をできるだけ奥《おく》に入《い》れる③すぐに口《ぐち》を閉《と》じて、のどをさする。2、3秒口《びょうくち》を閉《と》じたままにしておく

※どうしてもいやがるときは、チーズなどにつめてあげてみよう

水薬《みずぐすり》の飲《の》ませ方《かた》

①犬《いぬ》の口《くち》をやさしくつかんで、少《すこ》し上《うえ》を向《む》かせる
②口《くち》の端《はし》を親指《おやゆび》でひっぱり、少《すこ》し開《ひら》いたすきまからスポイトで流《なが》しこむ

粉薬《こなぐすり》の飲《の》ませ方《かた》

次《つぎ》のような方法《ほうほう》であげてみよう。
●水《みず》に溶《と》いてあげる
●口《くち》のわきのくちびると奥歯《おくば》の間《あいだ》にそのまま入《い》れて、外側《そとがわ》からよくもんでよだれと混《ま》ぜる
●バターやクリームに練《ね》りこみ、口《くち》の中《なか》にぬる
●エサに混《ま》ぜてあげる

目薬《めぐすり》のさし方《かた》

片手《かたて》で犬《いぬ》のあごを下《した》からつかみ、目薬《めぐすり》を持《も》った指《ゆび》でまぶたを軽《かる》くひっぱる。そして目《め》じりに数《すう》滴目薬《てきめぐすり》を落《お》とす。薬《くすり》のびんの先《さき》が目《め》にふれないように注意《ちゅうい》。

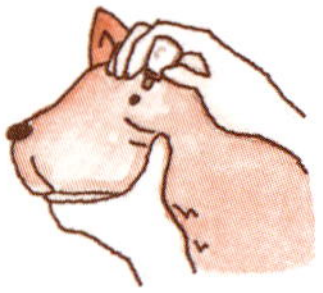

家での看病は主治医の指示を守って

犬《いぬ》が病気《びょうき》のときは、病院《びょういん》での治《ち》療《りょう》だけでなく、家族《かぞく》みんなで看病《かんびょう》してあげることが何《なに》より大切《たいせつ》です。吐《は》いたりお腹《なか》をこわしたりして体《からだ》がよごれたら、すぐにきれいにしてあげたり、かぜのときは鼻水《はなみず》をまめにふいてあげたりしましょう。

食欲《しょくよく》が落《お》ちていたら、食《た》べやすいようにドッグフードをぬるま湯《ゆ》でやわらかくしてあげるのもいいでしょう。また静《しず》かに休《やす》めるようにハウスを静《しず》かな暗《くら》い場所《ばしょ》に置《お》いてあげましょう。なお薬《くすり》の量《りょう》や回《かい》数《すう》などは、主治医《しゅじい》の先生《せんせい》の指示《しじ》を守《まも》りましょう。かまいすぎると犬《いぬ》はゆっくり休《やす》めないので、そっとしておいてあげることも大事《だいじ》です。

●監修
藤井聡（ふじい　さとし）
1953年生まれ。日本訓練士養成学校教頭。オールドックセンター全犬種訓練学校責任者。ジャパンケンネルクラブ公認訓練範士。日本警察犬協会公認一等訓練士。日本シェパード犬登録協会公認一等訓練士。訓練士の養成を行なう一方で、国内外のさまざまな訓練競技会に出場。98年度はWUSV（ドイツシェパード犬世界連盟）主催訓練世界選手権大会日本代表チームのキャプテンをつとめ、個人で世界第８位、団体で世界第３位に入賞。家庭犬のしつけや問題行動の矯正にも取り組んでいる。主な著書に「しつけの仕方で犬はどんどん賢くなる」（青春出版社）、監修書に「レトリーバーの気持ちが100％わかる本」（青春出版社）、「愛犬　病気の知識としつけ方」（西東社）などがある。

とってもかわいい！
子犬の育て方

監修　藤《ふじ》井《い》聡《さとし》
発行者　深見悦司
印刷所　株式会社 東京印書館

発行所
成美堂出版
〒112-8533 東京都文京区水道1-8-2
電話(03)3814-4351 振替00170-3-4466

PRINTED IN JAPAN
ISBN4-415-01776-2
落丁・乱丁などの不良本はお取り替えします
●定価はカバーに表示してあります